Rhacodactylus ciliatus

Rhacodactylus ciliatus

Der Neukaledonische Kronengecko

Sae Lee

2. Auflage 2009, Herstellung und Verlag:Books on Demand GmbH
ISBN 978-3-8370-5077-6
Inhaltsverzeichnis:

- Vorwort vom Autor...3
- Beschreibung..4
- Abstammung...5
- Aussehen...7
- Besondere Merkmale ♂..16
- Besondere Merkmale ♀..16
- Verbreitungsgebiet..17
- Verwandte Arten...20
- Verhalten...20
- Quarantänehaltung...23
- Haltung...25
- Terrarium und Einrichtung...................................28
- Beleuchtung...30
- Luftfeuchtigkeit..40
- Temperaturen..41
- Ernährung...41
- Körpergewicht...44
- Eiablage und Trächtigkeit...................................44
- Inkubation der Eier...44
- Aufzucht der Jungtiere......................................48
- Hygiene...48
- Krankheiten...49
- Weitere Informationen.......................................56

Rhacodactylus ciliatus

Alle Informationen sind freibleibend und unverbindlich in diesem Buch.
Der Autor behält es sich ausdrücklich vor, nach bestem wissen und gewissen alles erstellt und sorgfältig geprüft zu haben.
Namen, die zugleich eingetragene Warenzeichen sind, wurden als solches nicht besonders kenntlich gemacht.
Es kann also aus der Bezeichnung der Ware mit dem für diese eingetragenen Warenzeichen nicht geschlossen werden, dass die Bezeichnung ein freier Waren Name ist.

Alle in diesem Buch enthaltenen Empfehlungen, Daten und Dosierungsangaben wurden vom Autor mit großer Sorgfalt zusammengestellt.
Der Autor und der Books on Demand-Verlag übernehmen keinerlei Haftung für die Richtigkeit der Angaben sowie für Konsequenzen, die sich aus der Befolgung von Empfehlungen und Anleitungen ergeben.

Das gesamte Werk einschließlich aller seiner Teile ist urheberrechtlich geschützt.
Kein Teil des Werkes Darf in irgendeiner Form (Druck, Fotokopie, Mikrofilm oder andere Verfahren) ohne schriftliche Genehmigung des Autors reproduziert oder unter Verwendung elektronischer Systeme verarbeitet, vervielfältigt, übersetzt oder verbreitet werden.
Das Copyright für veröffentlichte, vom Autor selbst erstellte Objekte bleibt allein beim Autor der Seiten.

Rhacodactylus ciliatus

Vorwort

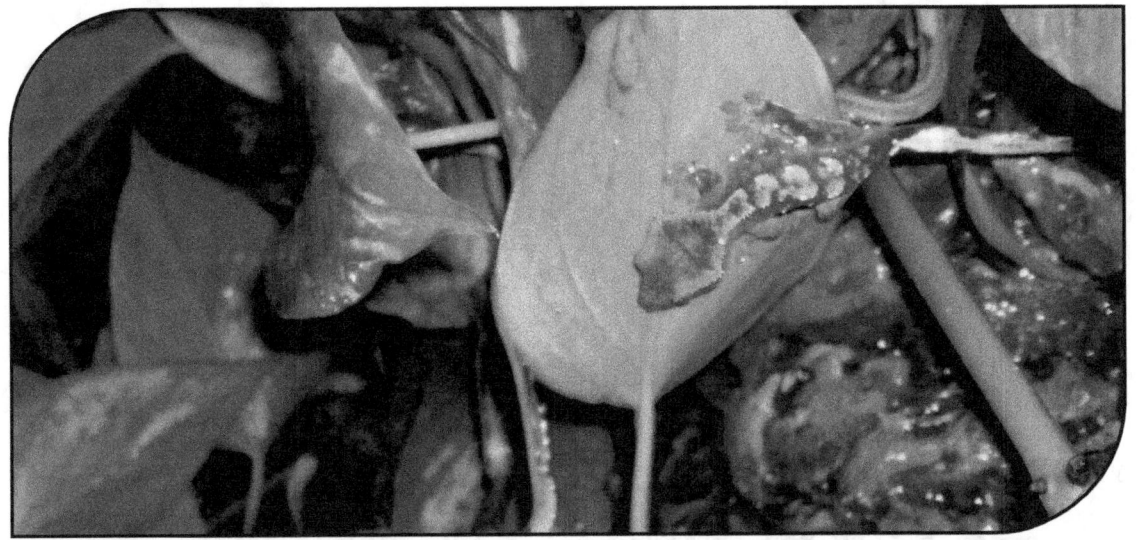

Die Pflege und Nachzucht des Kronen Gecko, Rhacodactylus ciliatus, ist einfach phantastisch.
Dieses Buch will eine solide Anleitung sein zur erfolgreichen Pflege und Vermehrung.
Somit haben die interessierten Terrarianer unter Euch die Möglichkeit, sich die kleinen Könige in Ihr Zuhause zu holen.

Mein Ziel ist es, Sie mit praxisnahen Informationen und Tricks zu versorgen, damit sich Ihre Tiere auch erfolgreich weiter vermehren werden.
Damit wir in Zukunft fast keine Wildfänge mehr brauchen!

Rhacodactylus ciliatus, auch Kronen Gecko genannt, haben Ihre erste Besonderheit schon in Ihrem Aussehen mit auf den Weg bekommen, die Krone auf dem Kopf ist ihr Markenzeichen.
Diese Krone haben Sie sich beim genauen Betrachten der kleinen Könige der Natur auf jeden Fall verdient.
Wenn man diese kleinen Baumgecko mal live beobachten kann, ist man wie durch ein Wunder verzaubert.
Rhacodactylus ciliatus lässt uns Pflegern das Herz auf jeden Fall höher schlagen.

Die Kronengecko hat so in letzter Zeit immer mehr Bewunderer in der Terraristik gefunden und begeistert.
Damit es noch mehr Halter der Spezies werden können, bringe ich Ihnen die Geckos in diesem Buch ein wenig näher.
Ich halte diese äusserst interessanten und schönen Geckos nun schon viele Jahre im Terrarium.
Rhacodactylus ciliatus ist seither einer meiner absoluten Favoriten in der Reptilienwelt bei mir zu Hause.
Die Rhacodactylus ciliatus wurden schon über lange Jahre für ausgestorben gehalten, bis zu Ihrer Wiederentdeckung im Jahre 1994 durch Seipp & Klemmer, zu Glück!

Rhacodactylus ciliatus

Die Rhacodactylus ciliatus lassen sich gut im Terrarium halten und sind auch für Anfänger in der Terraristik gut geeignet.
Wie das geschieht, wird in diesem Buch, Punkt für Punkt, in verschiedenen Schritten nach bestem Wissen und Gewissen beschrieben und erklärt.
Dabei gibt es sicher auch Punkte, wo generell über unsere Reptilien geschrieben wird.
Vielleicht bekommt der eine oder andere Leser von Ihnen auch eine Begeisterung für die kleinen Könige.
Ich bin stolz auf meine Nachzuchten und sehe mit Begeisterung, wie die Rhacodactylus ciliatus auch andere Terrarianer begeistern, jeden Tag aufs Neue.
Die vielen verschiedenen Artenvielfalten der Geckos generell stehen ganz oben auf der Liste in der Terraristik Haltung.
Sie sind sogar weltweit die am häufigsten gehaltenen Terrarientiere.

Wissenschaftliche Beschreibung der Rhacodactylus ciliatus:

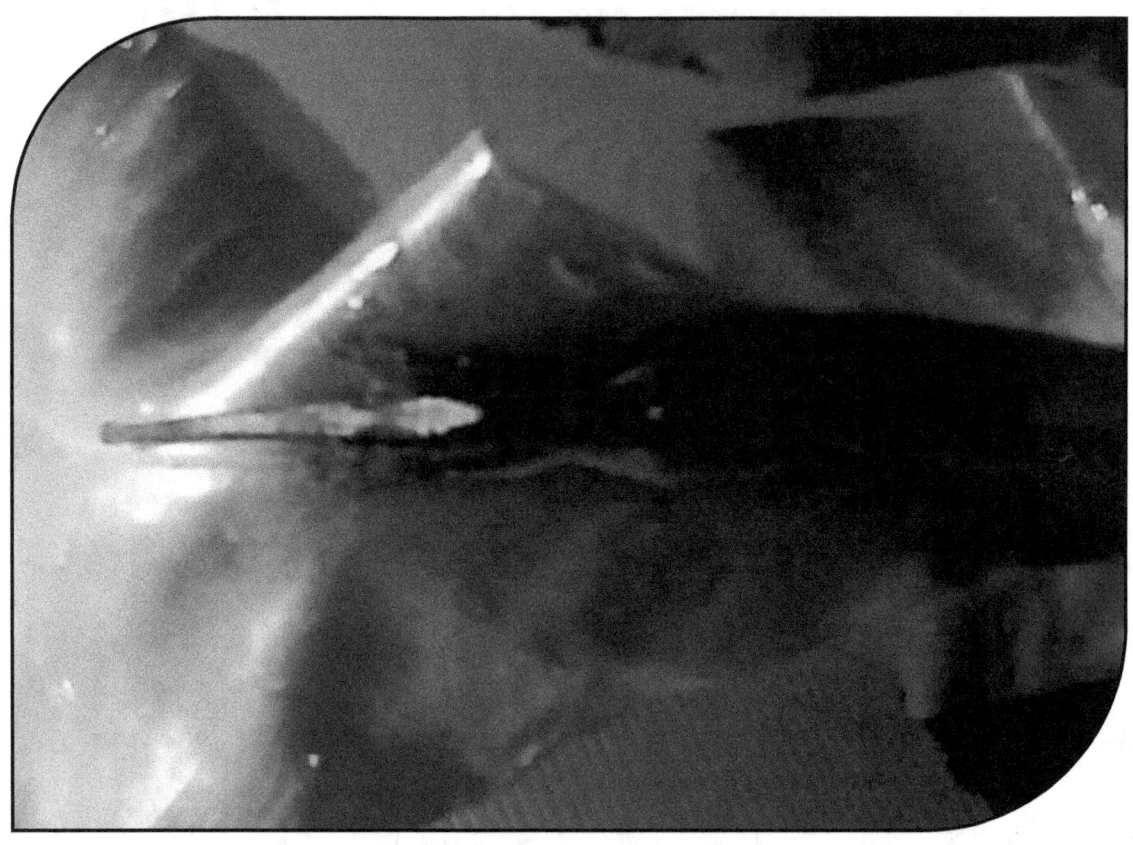

Wissenschaftlicher Name: Rhacodactylus ciliatus.
Deutscher Name: Neukaledonischer Kronengecko.
Verbreitungsgebiet: Neukaledonien, einer Inselgruppe nordöstlich von Australien gelegen.
Größe: Gesamtlänge **GL** von bis zu 22cm, vom Kopf bis zur Schwanzspitze, wovon ca. 11-13cm auf die Kopfrumpflänge fallen.
Lebenserwartung: zwanzig bis fünfundzwanzig Jahre.

Rhacodactylus ciliatus

Abstammung unserer kleinen Rhacodactylus ciliatus.

Ordnung: Schuppenkriechtiere (Squamata)
Unterordnung: Geckoartige (Gekkota)
Familie: Doppelfingergeckos (Diplodactyliniae)
Gattung: Lappenfinger (Rhacodactylus)
Art: Kronengecko

All die verschiedenen Schuppenkriechtiere bevölkern seit etwa 50 Millionen Jahren die Erde und haben sich im Laufe ihrer Entwicklung weltweit ausgebreitet.
Dank ihrer hervorragenden Anpassungsfähigkeit, haben sich die Geckos die unterschiedlichsten Lebensräume erobert, und sind sowohl in den gemäßigten Zonen, wie als auch in den Wüsten und den Tropen der Erde heute anzutreffen.

Geckos stellen damit die zweitgrößte Art in der Echsenfamilie dar.
Dort haben es die Geckos zu einer schier unüberschaubaren Artenvielfalt gebracht.
Mittlerweile weiß man, dass es an die 97 Gattungen und mehr als 1.100 Geckoarten gibt, die sich sowohl in ihrem Äußeren als auch in ihrer Abstammung von einander unterscheiden.

Allerdings verteilen sich die Spezies recht ungleichmäßig auf die drei Familien, und auch die Zuordnung der verschiedenen Unterfamilien und Gattungen ist in der Fachwelt nicht unumstritten.
Durch ständige Neuentdeckungen und Umbenennungen ändert sich die Anzahl der Arten bzw. Gattungen laufend.

Die drei, eigentlich vier Familien sind:
Eublepharidae (Lidgeckos) **Gekkonidae** (Eigentliche Geckos) **Diplodactylidae** (Wundergeckos) und **Pygopodidae** (Flossenfüße).

Kurze Info wegen der Familie der Flossenfüße:

Die Wissenschaft hat sich zur Aufgabe gemacht, die Vielfalt und Verwandtschaften zu erforschen.
Diese Arbeit nennt man Systematik.
Und der Bereich innerhalb der Systematik, der sich mit dem Einordnen und Klassifizieren der Organismen beschäftigt, stellt ein Untergebiet der Taxonomie dar.
Das grundlegende Taxon ist die Art.
Es gilt dies für die systematische Stellung der Flossenfüße (Pygopodidae), deren Anatomie wegen der "Brille" (verwachsene Augenlider) und der Fortpflanzungsbiologie (je zwei weichschalige Eier pro Gelege), dass sie in die Nähe der Geckos gestellt wurden.
Dieses und viele andere Ergebnisse haben bei den Flossenfüßen immer zu recht kontroversen Diskussionen geführt.

Rhacodactylus ciliatus

Nur auf Grund ihrer Anatomie ist eine verwandtschaftliche Beziehung zu den Geckos für mich nur schwer zu verstehen.

In der momentanen Beurteilung dieser verwandtschaftlichen Beziehungen nehmen die Flossenfüße in der systemischen Einteilung der Geckos eine Sonderstellung ein.
Auf jeden fall sind die Geckos in weitere Unterfamilien aufgeteilt, die sich z.B. aus den **Eublepharinae** (Lidgeckos), den **Gekkoninae** (Eigentlichen Geckos), sowie aus den **Aeluroscalabotinae** (Katzenaugen - Lidgeckos), den **Teratoscincinae** (Wundergeckos) und aus den **Sphaerodactylinae** (Kugelfingergeckos) zusammensetzen.

Jedes Tier bekommt nach den "Internationalen Regeln für die Zoologische Nomenklatur" einen unverwechselbaren lateinischen Namen.
Dieser Name setzt sich aus zwei Wörtern zusammen.
Dabei wird das erste Wort immer „groß" geschrieben und es handelt sich um den Gattungsnamen.
Das zweite Wort wird „klein" geschrieben und es handelt sich hierbei um den Artnamen.

Ein drittes klein geschriebenes Wort deutet auf eine Unterart hin.
Danach folgen, durch ein Komma von einander getrennt, der Name des Autors, der das Tier zuerst beschrieben hat, und das Jahr der Veröffentlichung.
Beides wird in eine Klammer gesetzt, wenn sich der Gattungsname geändert haben sollte.
Dieses ist immer dann der Fall, wenn jemand zu einem anderen wissenschaftlich anerkannten Ergebnis gekommen ist als der erste Autor.

Rhacodactylus ciliatus

Aussehen der Rhacodactylus ciliatus:

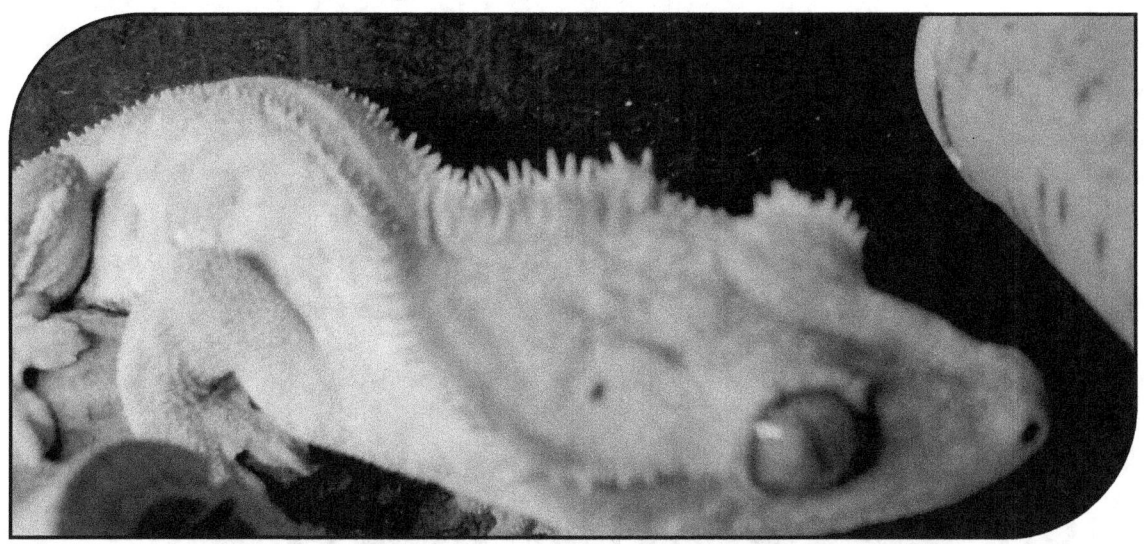

Die auffälligsten Merkmale dieser Geckoart sind sicherlich die verlängerten Schuppenreihen links und rechts, seitlich entlang des Kopfes, ja teilweise sogar bis zum Schwanzansatz.
Diese können bis zu mehreren Millimetern lang werden.
Wegen des deutlich ausgeprägten Ciliarschuppenkranzes erhielten die Kronengeckos Ihren Namen.
Weiters verfügt dieser dämmerungs- bzw. nachtaktive Gecko über einen breiten, deutlich vom Körper abgesetzten Kopf und einen an der Spitze abgeflachten Schwanz, welcher an dieser Stelle mit Haftlamellen versehen ist um sich optimal festzuhalten.
Die Rhacodactylus ciliatus gibt es in allen Farbvariationen.
Grau, Braun, Grün, Blassgelb, Rostrot usw.
Auch werden die Tiere mit Farbbezeichnungen unterschieden:
Unicolor, Bicolor, Fire, Tiger, Harlequin, Black, Spotted, Painted Thigh usw.
Die Verbreitung der Farbformen ist nicht geographisch abgeklärt und Tiere von derselben Eiablage zeigen oft verschiedene Farbformen.
Züchter haben herausgefunden, dass diese Geckos ein hohes Potenzial haben um „Desiger" Farbformen zu züchten, wie es auch bei Koizüchtern (Fische) üblich war.
Das kommt bei Männchen wie Weibchen vor.
Die Juvenil (Jungtiere) sehen bereits genau so aus wie die Adulten (Geschlechtsreifen, Erwachsenen).
Sie wechseln im Wachstum ihre Formen und Farben anders als andere Verwandte Gecko-Arten nicht mehr.
Die Rhacodactylus ciliatus verfügen über eine dünne, samtartige Haut.
Die Tiere reagieren rasch auf sanfte Berührungen und nehmen selbst bei völliger Dunkelheit kleinste Erschütterung am Boden über die Haut wahr.
Die Ecdysis (Häutung), die alle 40 Tage stattfindet, verläuft ohne Probleme, die Exuvie (alte Haut) wird ganz ausgetauscht.

Rhacodactylus ciliatus

Wo sie dann von den Geckos meistens zum Teil oder ganz aufgefressen werden.
Als letztes wird die Haut an den Beinen noch von den Tieren selbst mit Hilfe von der Schnauze weggezogen und entfernt.

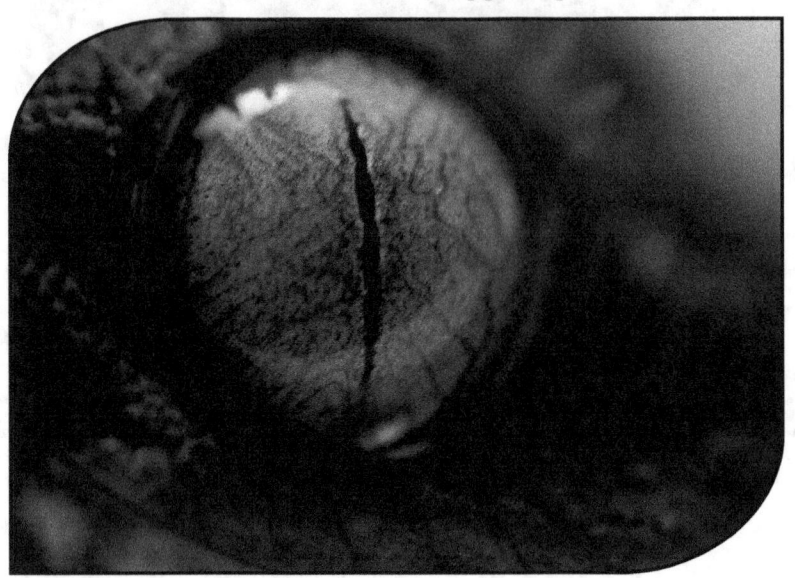

Die Augen sind die wichtigsten Sinnesorgane der Rhacodactylus ciliatus, sie orientieren sich auch nach dem optischen Blickfeld in Ihrer Umgebung.
Das betrifft sowohl tagaktive wie auch die dämmerungs- und nachtaktiven Arten der Geckos.
Besonders bei den dämmerungs- und nachtaktiven Arten hat sich das Auge im Laufe der Evolution ihrer Lebensweise systematisch nahezu perfekt angepasst.

Die Netzhaut besteht neben den vielen Nerverzellen auch aus Sehzellen.
Diese Sehzellen werden in ihrer Form nach in Stäbchen und Zäpfchen eingeteilt.
Während die Zäpfchen das Sehen bei Tageslicht und Wahrnehmungen von Farben bewirken, ermöglichen die Stäbchen das Sehen bei Eindämmerung und bei Nacht.
Die Zapfen entwickelten sich ursprünglich - zur Anpassung der Augen an die Lebensweise dämmerungs- und nachtaktiver Reptilienarten - aus den Stäbchen.
Die nachtaktiven Arten haben eine reine Stäbchen - Netzhaut gebildet, die ein gutes Erkennen von Formen, und Farbwahrnehmung zulässt.
Viele dämmerungs- und nachtaktive Tiere entwickelten so über Jahrzehnte eine Spaltpupille, die glatt, mehrfach gezackt, senkrecht oder waagrecht sein kann.
Um auch bei hellem Licht sehen zu können, entwickelten die Rhacodactylus ciliatus Arten auch Spaltpupillen mit kleinen Öffnungen, die sich an die wechselnden Lichtverhältnisse perfekt anpassen können.

Rhacodactylus ciliatus

Die große Familie der Gekkonidae wird in mehrere Unterfamilien eingeteilt.

Eine Unterfamilie ist zum Beispiel die Familie der Lidgeckos.
Die Lidgeckos regulieren den Lichteinfall mit Hilfe ihrer Spaltpupille und den mehr oder weniger geöffneten Augenlider.
Wie der Name schon sagt, besitzen diese Geckos ein bewegliches Augenlid.
Dabei wird nicht, wie beim Menschen das obere Lid gesenkt, sondern das untere Lid wird gehoben.
Dieser Mechanismus dient vor allem zum Schutz vor Verletzungen der Augen beim Beutefang.
So werden sie gerade beim Fressen von grossen Futtertiere fest zusammengepresst.

Damit unterscheiden sie sich von den anderen Gecko Familien, bei denen die durchsichtigen Augenlider miteinander verwachsen sind.
Man nennt diese Art von zusammengewachsenen Augenliedern „Brille".
Dass sich die „Brille" unabhängig von den Arten bei vielen Reptilienfamilien entwickelt hat, spricht für eine hohe Schutzwirkung für das Auge selbst.

Der Rhacodactylus ciliatus gehört auch zu den „Brillen"- Geckos.
Anzunehmen ist, dass die zusammengewachsenen Augenlider, die Brille, eine Weiterentwicklung des Auges in der Evolution darstellt und dass sich die Lidgeckos in dieser Hinsicht bis jetzt noch nicht weiter entwickelt haben.
Interessanter Weise gibt es auch Geckos, die zusätzlich zu der Brille noch Augenlider entwickelt haben.

Auf jeden Fall kann man bei allen Geckos beobachten, dass die Augen mit Hilfe der Zunge, geputzt und beleckt werden.
Das Verhalten dient zur Reinigung und wahrscheinlich auch zur Befeuchtung des Auges, und wird schon vor der Entstehung des unterschiedlichen Lidaufbaus instinktiv vorhanden gewesen sein bei den Geckos.

Ein weiteres Zeichen für unsere Nachtaktiven Geckos, ist die tagsüber nahezu geschlossene Pupille.
Bei Unterschiedlichen Lichtverhältnissen kann man gut sehen wie sich die Pupille adaptiert.
Die sich dann in der Nacht öffnet.
Aus dem Anfänglich dünnem Schlitz, wird eine Ovale Öffnung.
Durch diese sind die Tiere in der Lage, selbst geringe Lichtmengen zu verwerten und so Nacht's die Umwelt wahrzunehmen.

Das interessante der Rhacodactylus ciliatus ist jedoch auch das Sehvermögen in der dunklen Nacht, denn in der Lund University in Schweden, haben Forscher nun definitiv herausgefunden, dass …

Rhacodactylus ciliatus

Aber zuerst noch eine allgemeine Information zu Stäbchen und Zäpfchen im Auge:

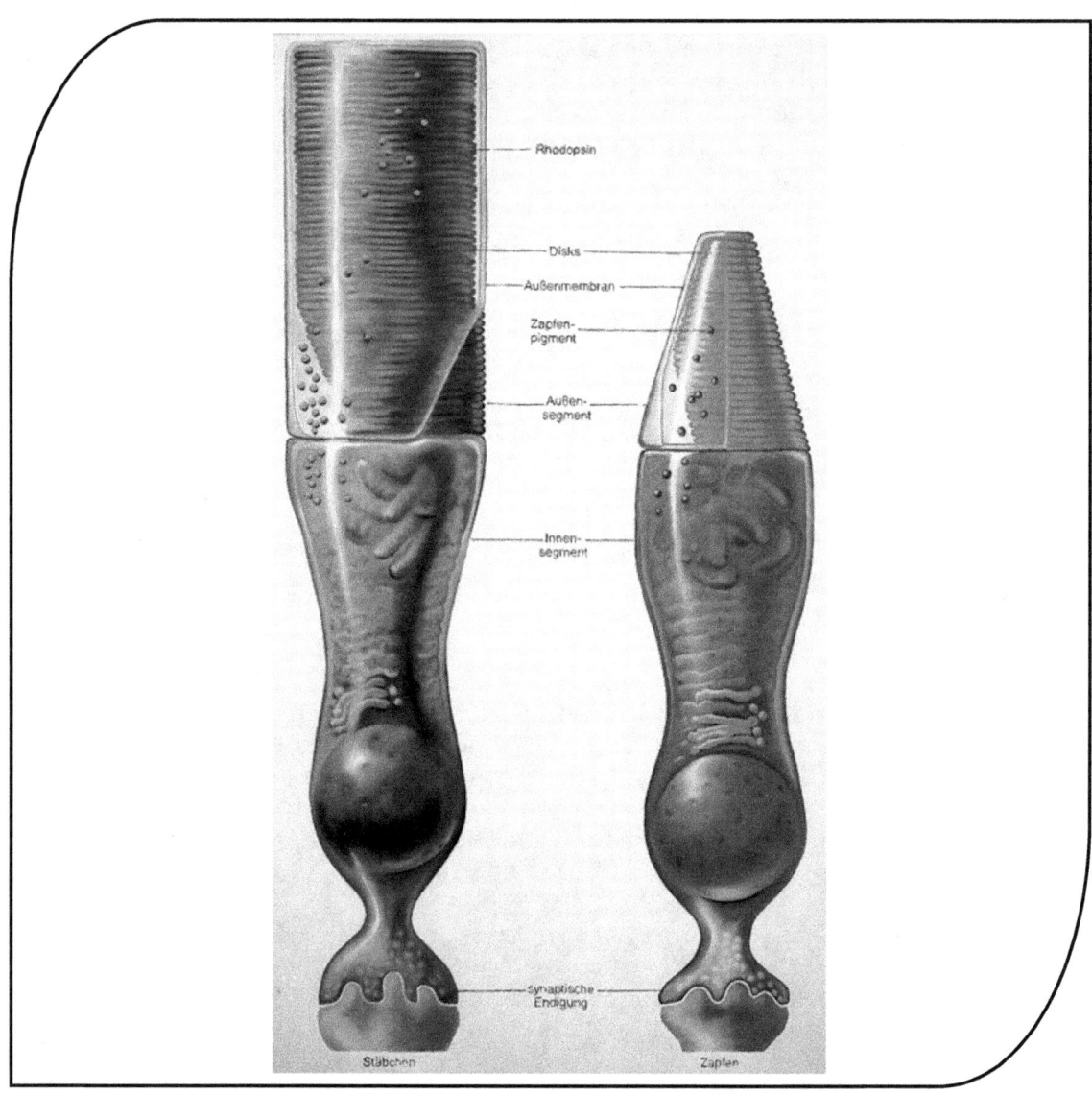

Die **Stäbchen** („rods") sind zuständig für das **skotopische Sehen** in der Dämmerung.
Menschen, die keine Stäbchen haben, sind nachtblind.
Das Pigment der Stäbchen nennt man Rhodopsin (auch Scotopsin genannt; es benötigt Vitamin A zur Re-Synthese).
Die maximale Konzentration der Stäbchen ist parafoveal zu finden.
Ein Auge hat ca. 120 Millionen Stäbchen.

Die **Zapfen** („cones") sind für das **photopische Sehen** in Helligkeit zuständig.
Wenn sie fehlen, dann ist man Tagblind.
Das Pigment der Zapfen heißt Iodopsin (auch Photopsin genannt).
Die Konzentration der Zapfen ist im Zentrum der Fovea am größten.
Insgesamt hat das Auge ca. 5 Millionen Zapfen.

Rhacodactylus ciliatus

Über die Zapfen bei den Tagaktiven weiß man heute schon wieder viel mehr.
Während wir Menschen und die meisten anderen Wirbeltiere tagsüber mithilfe der Zapfen (Photorezeptoren) Farben sehen und Nacht`s auf das farbenblinde Sehen mit Stäbchen angewiesen sind, gibt es einige Reptilienarten, die selbst noch bei Sternenlicht die Fähigkeit haben, Farben zu sehen und zu unterscheiden.

Insekten hingegen haben nicht wie wir Zapfen und Stäbchen, sondern sehen Tags und Nacht's mit denselben Sehzellen.

Nachtaktive Geckos, wie unsere Rhacodactylus ciliatus, haben ebenfalls keine Stäbchen im Auge.
Und trotzdem können Sie mithilfe eines einzigen Typs von Sehzelle (ein ungewöhnlich empfindlicher Zapfen) auch Nacht's Farben sehen.
Nächtliches Farbensehen setzt extrem empfindliche Augen voraus.

Kurz gesagt die Lund University in Schweden, hat im 2005 herausgefunden, dass alle Geckos nur einen einzigen Typ von Sehzellen besitzen.
Dieser empfindliche Zapfen, der der Struktur unserer (Menschen/Säugetiere) Zäpfchen im Auge sehr ähnlich ist, ermöglicht den Geckos die Farbwahrnehmung in der Nacht.

Die Forscher zeigten den Tieren im Dämmerlicht unterschiedliche graue oder blaue Schachbrettmuster und boten ihnen gleichzeitig Grillen zum Fressen an.
Bei den grauen Mustern waren die Grillen gesalzen und ungeniessbar.
Bei den blauen Mustern waren alle Grillen geniessbar.
Die Tiere bevorzugten nach kurzer Zeit klar die blauen Muster.
Die Forscher hatten die Versuchsbedingungen dabei so gewählt, dass andere Lichtparameter von den Tieren nicht herangezogen werden konnten.
Die Geckos konnten also eindeutig Farben sehen.
Die Größe und Form der äusseren Photorezeptorsegmente bei nachtaktiven Geckos ähneln durchaus dem Stäbchen, wogegen die entsprechenden Bildungen bei z.B. Phelsuma, tagaktiven Geckos, um bis zu 90% kleiner sind.
Deshalb kann schnell der Eindruck entstehen, dass nachtaktive Geckos Stäbchen und tagaktive Zapfen haben.
Das jedoch ist ein Irrtum, beide haben Zäpfchen, aber nur unterschiedlich modifizierte Zapfen!

Beim Taggecko kommt noch hinzu, dass er in einigen Sehzellen Öltröpfchen hat.
Das gibt ihm auch noch mal eine andere Sichtweise am Tag.

Dann gibt es noch die dritte Gruppe der Geckos, Phelsuma guentheri und Rhoptropus barnardi.

Rhacodactylus ciliatus

Sie stehen bezüglich des Aufbaus ihrer Sehzellen zwischen Tag und Nachtgeckos!

Nun gut, zurück zum Thema.

Dazu gab es verschiedene Versuchsreihen, in denen nun endgültig bewiesen wurde, dass nachtaktive Geckos Farben unterscheiden können, dass es Zapfen sind in den Augen aller Gecko Arten sind und diese den Stäbchen einfach nur sehr ähnelten.
Es wurde also widerlegt, dass Geckos generell farbenblind sind in der Nacht.
Die Rhacodactylus ciliatus haben die Fähigkeit, in der Dunkelheit Farben wahrzunehmen.

Das ist auch eine weitere wichtige Erkenntnis für uns, besonders für die Terrarienbeleuchtung (weiter hinten im Buch, s. Seite 30).

Dieser Gecko-Zapfen Typ ist einfach lichtempfindlicher und kann deshalb auch im Dunkeln unterschiedliche Farbsignale wahrnehmen, die großen Pupillen geben den Geckos eine kurze Brennweite, um mehr Licht in das Auge zu lassen.
Das Gehirn vergleicht die eingehenden Farbsignale aus dem Auge miteinander und bestimmt dadurch die gesehene Farbe.

Nächtliches Farbensehen ist sicherlich sehr vorteilhaft, weil sich das Licht in der Abenddämmerung und damit die Helligkeit verschiedenfarbiger Objekte auch stark verändert.
Farbensehen erlaubt unter diesen Bedingungen, Objekte und Gefahren zuverlässiger und schneller zu erkennen.

Rhacodactylus ciliatus

Diese wunderbare Fähigkeit haben alle nachtaktiven Geckos den Menschen voraus.

Man unterscheidet beim Menschen 3 Typen, den **S-Typ** (Blaurezeptor), den **M-Typ** (Grünrezeptor) und den **L-Typ** (Rotrezeptor).

Ihre Reizantwort beschreibt die Spektrale Absorptionskurve, die die Grundlage der Farbmetrik bildet.
Andere Vertebraten (Wirbeltiere) haben teils nur zwei, meist aber vier Zapfen-Typen.
Nachtschwärmer haben zum Beispiel Facettenaugen vom Superpositionstyp.

Weiter im Thema Aussehen des Rhacodactylus ciliatus.

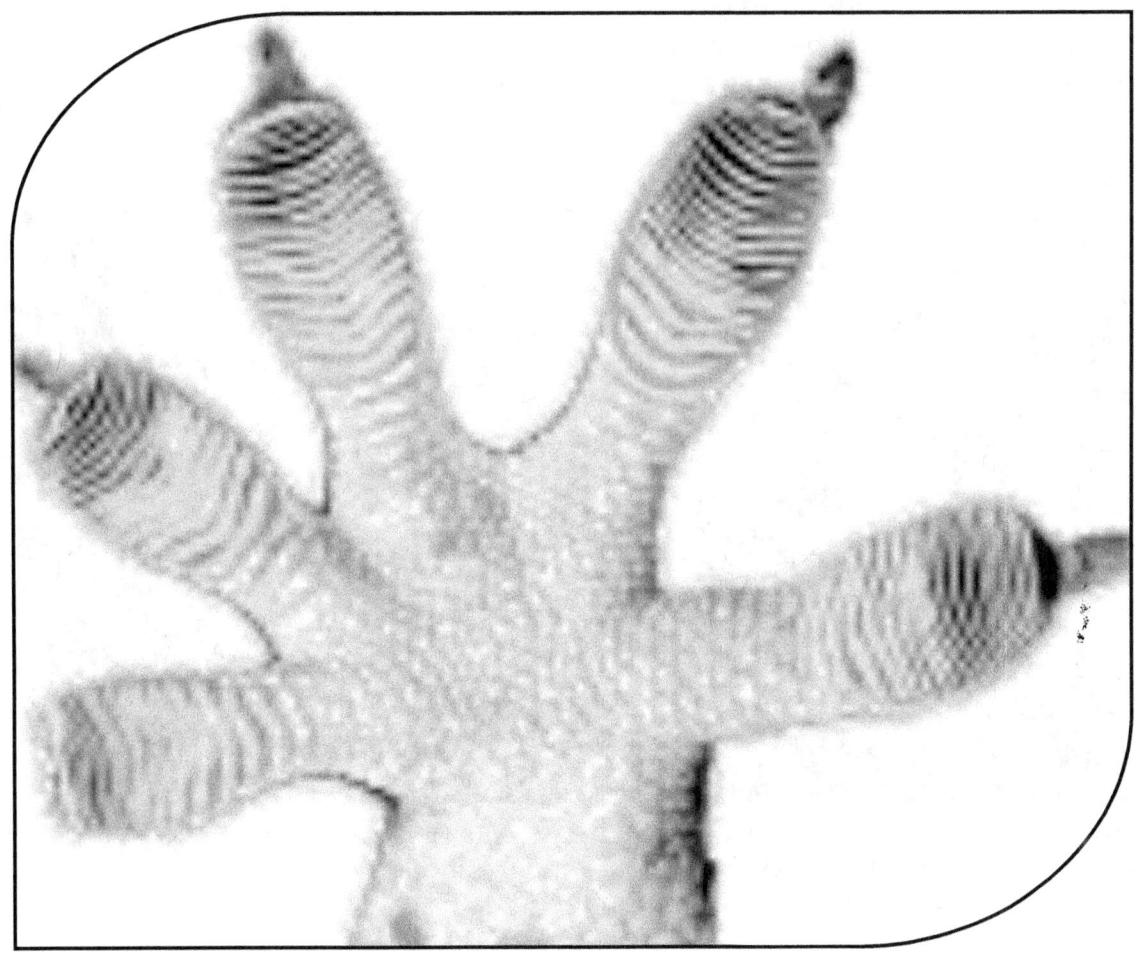

Eine weitere Unterteilung bei den Geckos bezieht sich auf deren Zehen.
Eine grobe Unterteilung kann man in Lamellengeckos und Krallengeckos vornehmen.
Rhacodactylus ciliatus der erster Gruppe können dank perfekter Adhäsion, durch ihre mit Billionen feinster Härchen (etwa 200 Nanometer breit und lang), so genannten Spatulae, besetzten

Rhacodactylus ciliatus

Füsse, bei der sie sich der Van-der-Waals-Kräfte bedienen, sogar kopfüber an Scheiben laufen.
Die Haftfähigkeit der Geckos wird im Nanometer-Bereich durch Feuchtigkeit noch gesteigert.

Insgesamt gibt es 6 Unterteilungen allein bei der Klassifikation der Füsse.
Falten-Geckos sind sogar zum Segelflug befähigt worden.
Die Rhacodactylus ciliatus haben 5 Zehen mit jeweils einer kleinen Kralle dran, die Unterseite der Füße ist mit Haftlamellen besetzt.
Das ermöglicht ihnen sich gut auf festen Untergründen festzuhalten.
Rhacodactylus ciliatus sind sehr gute Kletterer, sie können sich dank Ihren Haftlamellen gut auf glatten Oberflächen bewegen.
Die Geckos laufen am besten auf festen Untergründen, feiner weicher Sand wird gemieden.
Auf Ästen können die Rhacodactylus ciliatus hervorragend gehen oder sich festhalten.

Es geht weiter mit dem Kopf der kleinen Rhacodactylus ciliatus.

Die Zunge wird nicht nur zur Nahrungsaufnahme gebraucht.
Die Zunge ist vorne leicht eingekerbt und dient auch zur Aufnahme der verschiedenen Geruchsstoffe in der Luft.
Rhacodactylus ciliatus können so aus der Luft mit der Zunge die sogenannten Jacobson`schen, also die Geschmacksstoffe aufnehmen.
So merken Sie auch die Anwesenheit von Konkurrenten oder die Verträglichkeit vom Futter.
Sie haben Labialia (Lippenschilde), diese bestehen aus sieben bis zehn oberen, und sechs bis acht unteren Schuppen, die Rostral (Rostrum = Schnabel, Rüssel = Schnauzenwärts) eingekerbt sind.

Rhacodactylus ciliatus

Die Cranial (Kopfschuppen) sind spitz aufgestellt, teilweise auch gut Sichtbar über den Rücken bis zum Schwanzansatz.
Die Dorsalia (Rückenschuppen) bestehen aus Schuppen, welche im Nacken schwach gekeilt und auf dem Rücken rückwärts gerichtet sind.
Die kleinsten Schuppen befinden sich am Hals, die größten am Kopf und über den Rücken bis zur Schwanzspitze.
Besonders in das Auge fällt die Krone der Rhacodactylus ciliatus. Die stachligen Schuppen über dem Rücken ist auch sehr gut mir bloßem Auge sichtbar, wohingegen die Körperbeschuppung eher unauffällig erscheint.

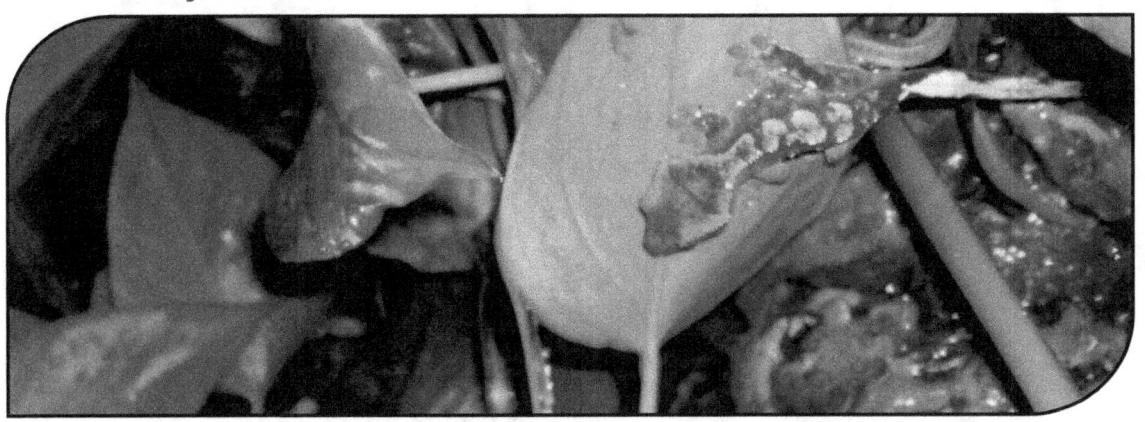

Die Form des Schwanzes, ist sehr schlicht.
Die Caudalia (Schwanzschuppen) sind auch sehr unterschiedlich Gemustert.
Die Geckos sind fähig zur Autotomie (Fähigkeit den Schwanz abzuwerfen), wobei der Schwanz, welcher den Tieren nicht als Fett- und Energiespeicher dient, immer an der Basis abgeworfen wird, und nicht, wie bei manchen anderen Gecko Arten, in Teilen autotomiert wird.
Leider gibt es keine Regeneration bei Rhacodactylus ciliatus und es bleibt für immer sichtbar.

Die Rhacodactylus ciliatus sind mit 8-9 Monaten geschlechtsreif, sie sind Spermathek (Sperma speichernde) Geckos und eine einzelne Verpaarung reicht nur für mehrere Gelege zu Befruchten aus.

Rhacodactylus ciliatus

Die ♀ erreichen eine maximale **GL** (Gesamtlänge) von knapp 22.5cm, wobei etwa 11-13cm auf die **KRL** (Körperrumpflänge; von der Schnauzenspitze bis zum Kloakenspalt) entfallen.
♂ sind immer etwa gleich gross wie Weibchen.
Der Kloakenspalt oder die Kloake ist der Endabschnitt des Darmkanals, in den die Ausführungsgänge der Geschlechts- und Ausscheidungsorgane beide einmünden.
Die Ventrilia (Bauchschuppen) sind meistens hell in der Grundfarbe, zwischendurch auch mit braunen Schuppen, je nach Grundfarben der Tiere selbst.

Besondere Merkmale des ♂ Rhacodactylus ciliatus:
Die Männchen verfügen über Hemipenistaschen, die Begattungsorgane männlicher Reptilien, und sechs bis acht Präanalporen (Poren vor der Kloake bei vielen Arten, vergrößerte Drüsen), wobei die Geschlechtsbestimmung auf Grund der Körper Grösse trotzdem manchmal nicht ganz einfach und je nach Alter der Rhacodactylus ciliatus wirklich sehr schwer zu sehen ist!

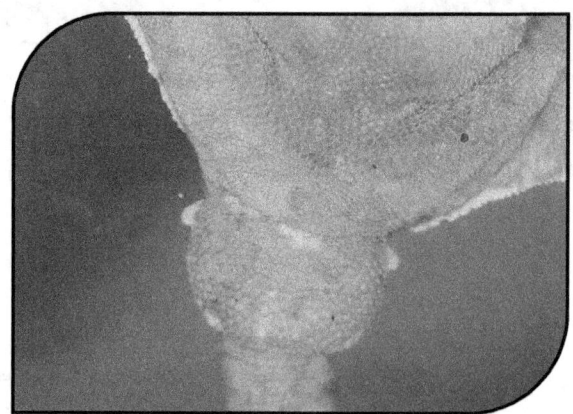

Besondere Merkmale des ♀ Rhacodactylus ciliatus:
Wenn Sie gravid (trächtig) sind, sieht man das sehr gut, kugelrund sind die kleinen Königinnen.
Rhacodactylus ciliatus Weibchen sind ovipar (eierlegend). Weibchen sind in der Regel ca. 4 Wochen trächtig, dann erfolgt die Ablage von 2 weichschaligen ovalen Eiern.

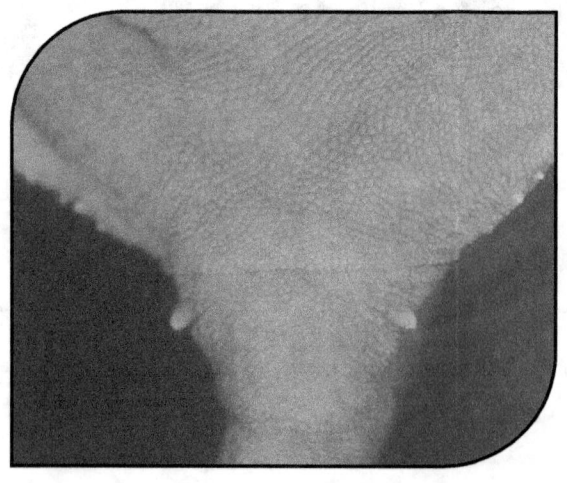

Rhacodactylus ciliatus

Verbreitungsgebiet des Rhacodactylus ciliatus:

Der Neukaledonische Kronengecko (Rhacodactylus ciliatus), gehört zu der Familie der Doppelfingergeckos und wurde nur am südlichen Ende der Insel Neukaledonien gefunden.
Diese Art galt bis 1994 verschollen, wurde aber von einem Team von Biologen wiederentdeckt.
Die Kronengeckos wurden als erstes von Guichenot 1866 beschrieben.
Kronengeckos sind arboricole Arten und sind im Blätterdach des Neukaledonischen Regenwaldes zu Hause.

Als arboricol bzw. arborikol (lat. arbor „Baum", colere „bewohnen") bezeichnet man eine Lebensweise von Tieren, die vor allem in Baumkronen leben und sich an diesen Lebensraum angepasst haben.

Der Export wilder Kronengeckos ist strikt verboten.
Bevor diese Regelung in Kraft trat, haben Biologen (auch später durften Biologen mit Sondergenehmigungen einige Tiere exportieren) und Forscher einige Tiere exportiert um diese Art zu untersuchen und zu züchten.

Schnell hat es der Kronengecko in heimische Terrarien geschafft, denn er gehört mit zu den meist gehaltenen und gezüchteten Arten der Welt.
Besonders bei grösseren Tierarten ist diese Lebensweise mit einer Reihe von besonderen Eigenschaften und anatomischen Merkmalen verbunden, darunter etwa die Ausbildung eines Greifschwanzes oder anderer Möglichkeiten, sich an Ästen festzuhalten.
Auch im Verhalten, etwa bei der Fortbewegung, gibt es spezielle Anpassungen an das Baumleben.
Typische arboricole Lebewesen sind Baumlebende Schlangen, Affen und Hörnchen sowie Faultiere, Koalas und Flughunde, aber auch viele Vögel, Amphibien und Insekten.

Rhacodactylus ciliatus

Der Lebensraum der kleinen Könige ist saftig und grün.
Als Regenwald bezeichnet man ein weitgehend naturbelassenes Wald-Ökosystem, das durch ein besonders feuchtes Klima aufgrund von mehr als 2000 mm Niederschlag (im Jahresmittel) gekennzeichnet ist.
Dabei unterscheidet man zwischen den Regenwäldern in den Tropen und den Regenwäldern der gemäßigten Breiten.
Immergrüne, tropische Regenwälder entstanden auf allen Kontinenten, auf beiden Seiten des Äquators bis ungefähr zum 10. Breitengrad, vor allem in Südamerika und Ozeanien aber auch deutlich darüber hinaus.
Die größte zusammenhängende Fläche - zugleich mehr als die Hälfte der Gesamtfläche aller tropischen Regenwälder - befindet sich im Bereich des Amazonasbeckens.
Weitere große Regenwälder weisen das Kongobecken und Indonesien auf.
Immergrüne, tropische Regenwälder entstanden auf allen Kontinenten, auf beiden Seiten des Äquators bis ungefähr zum 10. Breitengrad, vor allem in Südamerika und Ozeanien aber auch deutlich darüber hinaus.
Die größte zusammenhängende Fläche - zugleich mehr als die Hälfte der Gesamtfläche aller tropischen Regenwälder - befindet sich im Bereich des Amazonasbeckens.
Weitere große Regenwälder weisen das Kongobecken und Indonesien auf.
Und trotzdem kann ein so kleines Tierchen prima in diesen Verhältnissen überleben.
Der Baumbewohnende Gecko begibt sich nur zur Eiablage auf den Boden.

Der Rhacodactylus ciliatus lebt also in dem Regenwald und hat sich den Anpassungen an die Feuchtigkeit wunderbar angepasst. Daher ist es sicher auch schön, viele Pflanzen in dem Terrarium zu halten(dazu jedoch später noch mehr, s. Seite 28).

Rhacodactylus ciliatus

Die kleinen Rhacodactylus ciliatus sind auch für Anfänger in der Terraristik sehr gut zu halten, da Sie keine großen Ansprüche an die Haltung im Terrarium haben.
Es versteht sich von selber, dass jede Anschaffung eines Tieres eine große Verantwortung mit sich bringt für den Pfleger.
Mit keinen großen Ansprüchen meinte ich; zum Gegensatz zu anderen heiklen Terrarienbewohner, wo man mit akribischer Präzision arbeiten muss, und eventuell beim Bundesamt für Veterinärwesen eine Halterbewilligung machen muss.

Und bitte denken Sie nicht, dass der Rhacodactylus ciliatus ein Geschenk für Ihr Kind zu seinem nächsten Geburtstag sein sollte, weil ich hier schreibe: „auch gut geeignet für Anfänger".
Aus meiner Sicht gehören keine Tiere in UNAUFBESICHTIGTE Kinderhände, und wenn Eltern nicht selber schon begeisterte Terrarianer sind mit Leidenschaft, lassen Sie es bitte sein.

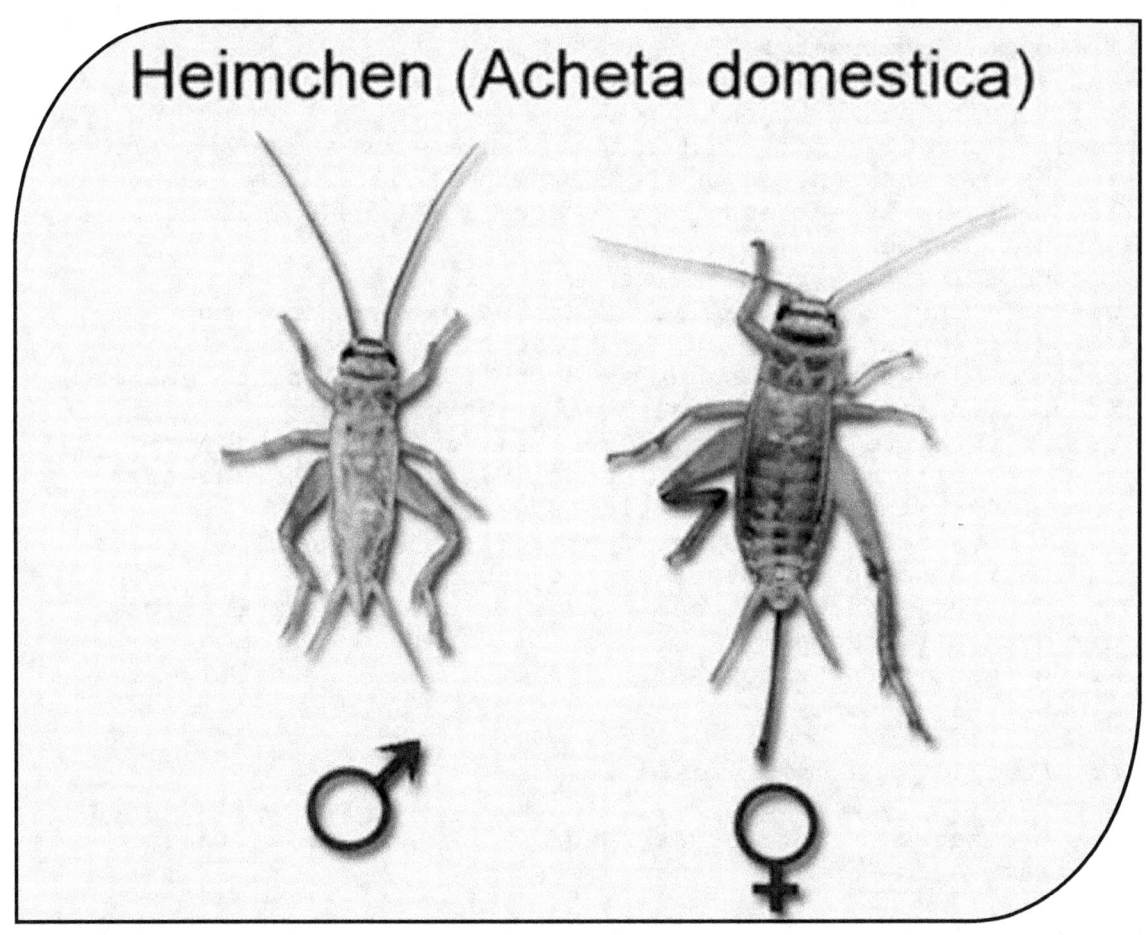

Denken Sie schon mal nur an das Lebendfutter, das die Rhacodactylus ciliatus benötigen.
Manche Frauen oder auch Männer ekeln sich grausam davor.
Ich hatte auch schon Grillen im Bett und hinter dem Kühlschrank!
Beim Einzug des Rhacodactylus ciliatus kommen auch automatisch noch andere Tiere zu Ihnen nach Hause!

Rhacodactylus ciliatus

Mehlwürmer, kleine Heimchen/Grillen sind nur ein paar genannte Futtertiere, und wenn diese ausbüchsen, was durchaus mal passiert, können diese Tierchen echt nerven...
Wenn Eltern wirklich gut und ehrlich beraten werden im Fachhandel und sie die Dinge annehmen, wie sie nun mal sind, steht dem Kauf eines Rhacodactylus ciliatus für ein Kind wirklich nichts im Wege.

Verwandte Arten des Rhacodactylus ciliatus:
Höckerkopfgecko (Rhacodactylus auriculatus) Bavay, 1869
Flechtengecko (Rhacodactylus chahoua) Bavay, 1869
Kronengecko (Rhacodactylus ciliatus) Guichenot, 1866
Neukaledonischer Riesengecko (Rhacodactylus leachianus) Cuvier, 1829
Sarasins Gecko (Rhacodactylus sarasinorum) Roux, 1913
Greifschwanzgecko (Rhacodactylus trachyrhynchus) Bocage, 1873

Die **Doppelfingergeckos** (Diplodactylidae)
sind eine in Australien, Neuseeland und Neukaledonien lebende Familie der Geckoartigen.
Wie den Echten Geckos (Gekkonidae) fehlen ihnen die Augenlider. Es gibt bodenbewohnende und auf Bäumen lebende Arten, die je nach Lebensweise gut entwickelte oder fehlende Haftlamellen an den Füssen haben.
Rhacodactylus ciliatus sind stimmfähig.
Zwei auf Neuseeland endemische Gattungen, Naultinus und Hoplodactylus sowie der auf Neukaledonien vorkommende Rhacodactylus trachyrhynchus sind ovovivipar (Lebend gebärend), die übrigen legen pro Gelege zwei weichschalige ovale Eier.
Als **Ovoviviparie** (lateinisch Ei-Lebend-geboren) bezeichnet man eine Spezialform der Fortpflanzung, die sowohl Merkmale der Oviparie als auch der Viviparie aufweist.
Die dotterreichen Eier **ovoviviparer** Tiere werden dabei nicht abgelegt, sondern im Mutterleib ausgebrütet.
Die Jungtiere schlüpfen noch im Körper des Muttertieres bzw. kurz nach der Eiablage.
Der Übergang zwischen Oviparie und Ovoviparie ist teilweise fließend.

Verhalten des Rhacodactylus ciliatus:
Rhacodactylus ciliatus bewegt sich meist arborikol (im Busch oder Baumgegenden) und etwas langsamer als seine agileren und meist am Boden lebenden nahen Verwandten.

Rhacodactylus ciliatus wird weniger häufig beim Klettern und Springen beobachtet am Tag.
Da die Rhacodactylus ciliatus sich am Tage meisten in der oberen Gegend der Bäume schlafend aufhalten.

Wozu der Rhacodactylus ciliatus jedoch, besonders in der Nacht und beim Jagen durchaus in der Lage ist.

Rhacodactylus ciliatus

Es handelt sich im Großen und Ganzen um einen sehr ruhigen Gecko. Er ist sehr friedliebend, wenn man ihn richtig hält, und wird auch mit der Zeit sehr zutraulich zum Pfleger.
Die kleinen Jungel Könige sollten in grösseren Gruppen gehalten werden.

Da die Männchen territorial veranlagt sind, sollte man nur ein Männchen mit mehreren Weibchen zusammen halten.
Achten Sie einfach gut darauf, dass Sie nicht mehr als ein Männchen mit mehreren Weibchen halten.
Während der nächtlichen Nahrungssuche sieht man sehr tolle Sprünge und Akrobatische höchst Leistungen der Rhacodactylus ciliatus.

Rhacodactylus ciliatus

Die Tiere gelten aus dämmerungsaktiv und häufig als scheu, letzteres kann ich jedoch beides nicht bestätigen anhand meiner Rhacodactylus ciliatus.

Man kann sehr gut eine harmonische Beziehung aufbauen im gewissen Sinne.
Wenn man seine Nachzuchten zum Beispiel regelmässig auf der Hand krabbeln lässt!
Bitte nicht nach dem Gecko greifen, sonst kann es passieren, dass er aus Angst den Schwanz abwirft, oder es Verletzungen auf seiner, dünnen samtigen schönen Haut gibt.

Es sind keine Kuscheltiere, jedoch wenn man sie wöchentlich auf die Gewichtskontrolle hin prüft, werden Rhacodactylus ciliatus sicher zutraulicher als wenn man sie nur täglich versorgt und beobachtet im Terrarium.
Auch tagsüber kann man sie häufig sehen, da sie einfach irgendwo auf einem Ast liegen und sich entspannen.
Außerdem sind sie hervorragende Kletterer, die abends aktiv durch das Terrarium springen und Ihre Beutetiere gnadenlos jagen können.
Obwohl die Tiere vielen Orts als nachtaktiv beschrieben werden, sind sie doch auch des Öfteren tagsüber agil und aktiv im Terrarium zu beobachten.

Rhacodactylus ciliatus

Quarantänehaltung:
Beim Erwerb neuer Tiere, die man später in die Zucht einbringen will, muss eine Quarantänehaltung von mindestens 30 Tagen durchgeführt werden.
In dieser Zeit wird eine Kotuntersuchung gemacht in einem Institut Ihrer Wahl.
Ist man nach dieser noch unsicher über den Gesundheitszustand des Neulings, können auch 60 Tage nicht schaden.
Die Quarantänestation darf sich auf keinen Fall in der Nähe des eigentlichen Terrariums befinden, da es sonst eventuell zu einem Übergreifen der Krankheit kommen kann.
Besser gesagt in keiner Nähe eines anderen Terrariums.
Wenn Sie die Möglichkeit haben, richten Sie die Quarantänestation in einem separaten Zimmer ein.
Es ist sehr zu empfehlen, am Anfang der Quarantänezeit, sowie vor dem Umzug in das neue Terrarium, Kotproben vom Tierarzt auf mögliche Parasiten untersuchen zu lassen.
Dass muss zwingend einmal in der Quarantänezeit gemacht werden. Also eine oder mehrere Kotproben, je nach dem ersten Ergebnis natürlich, untersuchen lassen.
Wichtig anzumerken ist noch, dass man unbedingt bei jeder Versorgung am Quarantänebecken das Händewaschen und Desinfizieren nicht vergisst.

Ich desinfiziere meine Hände sogar nach jedem Terrarium, das ist jedoch jedem freigestellt, wie er das machen will!
Wichtig bei der optimalen Einrichtung des Quarantänebeckens, ist sicher der Bodengrund, den man täglich erneuern muss.
Sehr gut hat sich Haushaltspapier bewährt dafür, da Parasiten meist über den Kot, wieder in den Körper der Tiere gelangen können.

Die Exkrementeprobe (Kotprobe) kann dauern, da die Rhacodactylus ciliatus keine Berge von Exkremente (Kot) hinterlassen, jedoch auf dem Haushaltspapier gut sichtbar und entfernbar sind.
Sollte die Kotprobe auf Krankheiten hinweisen, ist in jedem Fall ein reptilienkundiger Tierarzt unverzüglich aufzusuchen und über die Ergebnisse zu informieren.
Da die Tiere sehr leicht und klein sind, und die Medikamentendosis meistens nach Körpergewicht der Tiere verabreicht wird, sollte man das unbedingt einen Tierarzt überlassen.

Nach anschließender Genesungszeit bitte noch mal eine Kotprobe machen lassen, damit Sie eine eindeutige Sicherheit haben, dass Sie Ihren bestehenden Bestand mit dem Neuankömmling nicht gefährden.

Die Kotprobe kostet nicht alle Welt, jedoch kann je nachdem, ein Virus oder Parasiten Befall, einen großen Schaden anrichten.
Thema Virus, hinten im Buch noch eingehender Beschrieben!

Rhacodactylus ciliatus

Also Vorsicht ist geboten bei der Anschaffung generell von neuen Terrarien-Tieren!
Es kann sehr rasch eine sehr große finanzielle Sache daraus werden, wenn Sie nicht generell auf die Hygiene im und um das Terrarium acht geben.
Und von den Verlusten der anderen Tiere mal ganz abgesehen!
Von Quarantäne spricht man bei einer Infektion, bei einer Isolierung, um eine Infektion zu verhindern.

Kurz gesagt:

Die Quarantäne (ital. quarantina di giorni, frz. « quarantaine de jours », „vierzig Tage") ist eine vorübergehende Isolierung zur Verhinderung der Ausbreitung von infektiösen Krankheiten, zum Beispiel zwischen den Menschen, oder in diesem Fall der Tiere, die sie schon zu Hause haben und gesund sind.
Die Quarantäne ist eine sehr aufwendige, aber auch sehr wirksame seuchenhygienische Maßnahme, die insbesondere bei hochansteckenden Krankheiten mit hoher Sterblichkeit angewendet werden muss.
Da Sie meistens nicht wissen, ob das neuerworbene Tier einen Virus oder Würmer hat, sollten Sie nicht auf das „hören", was Ihnen der Verkäufer gesagt hat.
Jeder will natürlich NUR GESUNDE Tiere verkaufen.
Und in die Tier hinein sehen, können wir jedoch alle nicht... machen Sie es einfach, ich spreche aus bitterer eigener Erfahrung!

Übrigens; Im 19. Jahrhundert war ein ebenfalls gängiges Wort für Quarantäne, Kontumaz (lat. contumacia).
Ist nach der Untersuchung der Kotprobe alles in Ordnung, steht dem Umzug in das fixe Terrarium nichts mehr im Wege.

Rhacodactylus ciliatus

Haltung des Rhacodactylus ciliatus:

Eine häufig gestellte Frage in der Haltung ist, was die Zahlen 0.1 / 1.0 und 0.0.1 in der Terraristik bedeuten.
Mit diesen Zahlen wird angegeben, welches Geschlecht ein Tier hat.
1.0 = ♂ männliches Tier
0.1 = ♀ weibliches Tier
0.0.1 = Bei diesem Tier weiß man nicht, um welches Geschlecht es sich handelt.
Angabe bei Jungtieren wo das Geschlecht noch nicht bestimmbar/sichtbar ist.
0.0.0.1= zwittriges Tier

Die Haltungsbedingungen von Rhacodactylus ciliatus sind eigentlich recht übersichtlich.
Sie können gut in kleineren Gruppen gepflegt werden z. B. ein Männchen mit zwei bis vier Weibchen.
Da Rhacodactylus ciliatus in der Regel sehr territorial (Revier bildend) und Artgenossen gegenüber sehr aggressiv sind, kann man sie nicht in mehreren Gruppen 1.1 aus Männchen und Weibchen halten.
Um so mehr ist es empfehlenswert, nur ein Männchen mit mehreren Weibchen zu halten.
So werden Machtkämpfe und Verletzungen auf jeden Fall vermieden.

Zu der Gruppenhaltung, kann noch folgendes gesagt werden:

Passen Sie nur auf, dass Sie nicht zu junge Tiere in eine Gruppe integrieren wollen.
Sonst erleben Sie Ihr blaues Wunder mit dem Rhacodactylus ciliatus.
Wenn die Rhacodactylus ciliatus noch zu klein sind, kommt es zu Auseinandersetzungen untereinander.

Rhacodactylus ciliatus

Ich habe in der Vergangenheit schon so viel agonistisches Verhalten (kämpferische Auseinandersetzung; mehr oder weniger mit Tötungsziel) unter den männlichen Tieren beobachtet, dass ich Ihnen zu Beginn der Haltung eher abrate zur zu großen Gruppenhaltung, wenn Sie nicht genau wissen, wie alt Ihre Tiere sind.
Jährig sollten Ihre Rhacodactylus ciliatus zur Gruppenhaltung schon sein.

Meine Weibchen müssen alle zwischen 1-1.5 Jahre alt sein und alle 38-43 g wiegen, bevor ich diese verpaare oder in eine Gruppe einfüge.
Sie können sich auch anhand des Gewichts ein wenig orientieren. Auch nicht zu empfehlen ist eine dauerhafte Haltung von 1.1 (ein Männchen mit einem Weibchen), weil das Weibchen immer bedrängt werden würde, was wiederum Stress und permanente Trächtigkeit bedeuten kann.

In der seriösen Aufzucht müssen die Rhacodactylus ciliatus, bis sie ein Alter von zwölf Monaten erreicht haben, einzeln aufgezogen werden, da man dann gut das Geschlecht bestimmen kann. Bitte auch nicht zu den adulten Tieren in das Terrarium geben. Da die kleinen mit 9 Monaten bereits Geschlechtsreif sind!

Wie gesagt: aus meiner eigenen Erfahrung empfehle ich Ihnen 1.2 zu halten, wenn Sie auch gesunden und kräftigen Nachwuchs haben wollen.
Der nächste Schritt ist dann sicher, ein grösseres Terrarium für ein drittes und viertes Weibchen zu kaufen.
Ich finde die Rhacodactylus ciliatus eine sehr faszinierende Art von Geckos, man kann Sie wirklich sehr gut halten.

Rhacodactylus ciliatus

Hier mein Haltungs-Vorschlag an Sie, machen Sie sich von Anfang an ein Terrarium mit 60x60x100 (LxBxH) zurecht, das ein subtropisches Klima hat.
Das ist die ideale Haltung für später 1.2 der Rhacodactylus ciliatus zu halten.

Grössere Terrarien sind natürlich immer Besser und schöner, so kann man auch grössere Gruppen darin halten 1.3 oder 1.4.
Die Luftfeuchtigkeit sollte Tagsüber nicht tiefer als 60% sinken. Am Abend sollte man durch besprühen eine Luftfeuchtigkeit von ca.90% erreichen.

Man kann diese Luftfeuchtigkeit erreichen wenn man einen Nebler im Terrarium hat oder eine Sprinkleranlage montiert.
Oder das Wasser wie ich (mit Sprühflasche) auch noch von Hand in das Terrarium sprühen, damit ich auch noch den Gesundheitszustand der Rhacodactylus ciliatus kontrollieren kann.

Vor allem ist für die Weibchen wichtig, dass das Männchen in dieser Winter Phase seine Paarungsversuche einstellen sollte.
Ich trenne meine Tiere und gönne den Weibchen eine Ruhe von 3-4 Monaten, bevor ich das Männchen wieder zu der Gruppe zurücksetzte.

Die Beleuchtungsdauer sollte dabei von 11 Stunden (im Sommer) schrittweise auf 8 Stunden (im Winter) verkürzt werden.
Mit dieser Haltungstrennung haben die Weibchen jeweils genügend Zeit für sich, um den eigenen Kalziumhaushalt zu regenerieren, was auch sehr wichtig ist für die gesunde Eiablage.
Rhacodactylus ciliatus Weibchen haben einen sehr hohen Stress mit der extrem hohen Paarungsbereitschaft der Männchen, wenn Sie nur 1.1 halten.

Rhacodactylus ciliatus

Darum haben meine männlichen Tiere im Winter, wo die Aktivität durch die längere Dunkelheit noch mal gesteigert wird, alle ein separates Terrarium zur Verfügung.

Die Winterruhe sieht dann für die Kleinen wie folgt aus:
Das Männchen wird von November bis Februar im kommenden Jahr komplett alleine gehalten und es geht ihm auch prächtig dabei.
Die Weibchen können gut in dieser Zeit auch in einer Gruppe gehalten werden, Probieren Sie es aus und haben Sie viele Jahre Freude an Ihren Rhacodactylus ciliatus.
Im Winter sollte die Kronengeckos eine kühlere Phase zum Erholen haben.
Hier empfehle ich Temperaturen von 22°C am Tag und in der Nacht von 16°C.

Terrarium und Einrichtung:
Zur Größe des Terrariums kann ich nur sagen, 60x60x100cm (LxBxH) für ein Paar Rhacodactylus ciliatus reicht aus, größer ist natürlich immer besser.
Oder so, wie oben beschrieben, ein grösseres Terrarium von 80x80x140cm (LxBxH) und dann 1.4 halten.

Was noch zu sagen ist, wenn Sie sich für ein höheres Terrarium entscheiden, haben Sie später, wegen der einzuhaltenden Distanz, weniger Probleme mit der Platzierung der Beleuchtung.

Das Terrarium sollte so eingerichtet sein, dass sich die Baumbewohnenden Tiere wohl fühlen können.
Mit vielen Verstecken in den Pflanzen, als Bodengrund ein Sand/Erd-Gemisch.
Auf weichen Sand sollte verzichtet werden, da die Geckos nicht gerne auf weichem Boden laufen.

Rhacodactylus ciliatus

Unter dem Sonnenplatz darf es ruhig 30°C werden.
Außerdem sollte das Terrarium über mehrere bekletterbare Gegenstände (z.B. aus Korkzapfen oder Bambusstangen) verfügen.
Das Terrarium sollte auch gut zugänglich sein am Boden für uns Pfleger, denken Sie an die Eiablage der Rhacodactylus ciliatus.
Bei meinen Tieren findet diese überall am Boden statt.
Näheres dazu unter Trächtigkeit und Eierablage weiter hinten im Buch (s. Seite 44).
Der Kreativität des Pflegers sind also fast keine Grenzen gesteckt.

Der Boden sollte von einer drei bis fünf cm dicken Sandlehmschicht bedeckt sein.
Zur Dekoration und als Versteckplätze dienen auch grössere Steine.
Diese jedoch gut sichern, um das Erschlagen der Tiere zu vermeiden.
Sie können auch alle Wurzelnarten nutzen, die es auch in der Aquaristik gibt.

Zur Bepflanzung, auf die gar nicht verzichtet werden kann, eignen sich ansonsten besonders gut Ficus-Arten, Alocasia, Philodendron, Orchideen, kleinere Bromelien, nach Geschmack kann das Terrarium auch mit Pflanzen wie Sukkulenten und Tillandsien versehen werden.
Die Pflanzen sind ein Lebenswichtiger Aspekt, und werden immer genutzt, um darauf zu entspannen und herum zu Springen.
Es eignen sich durchaus auch künstliche Plastikpflanzen, da die Tiere nicht herbivor (pflanzenfressende Reptilien) sind, sie knabbern auch nicht an den künstlichen Plastikpflanzen herum.
Der Natürliche Lebensraum wird jedoch nur durch echte Pflanzen gewährleistet.

Außerdem sollte immer eine kleine Schale mit Calcium (zerriebene Sepiaschale) und ein flacher Wassernapf (letzteres täglich frisch befüllt) vorhanden sein im Terrarium.
Nehmen Sie bitte nur einen flachen Wassernapf, damit die Tiere nicht darin ertrinken können.

Rhacodactylus ciliatus

Beleuchtung:
Die Rhacodactylus ciliatus stellen keine unerfüllbaren Wünsche an die Beleuchtung.
Das sind die Hersteller!
Ja, das mit der guten Beleuchtung ist so eine Sache, besser gesagt ein Fass ohne Boden!
Trotzdem sollten gewisse Regeln eingehalten werden.
Aus hohen Kostengründen am Besten von Anfang an das Richtige.
Lassen Sie uns von Anfang an versuchen, die Kosten, was die Beleuchtung betrifft, in Grenzen zu halten.
Das ist jedoch sehr schwer, wie sie bald lesen können.
Im Terrarium sollte ein Temperaturgefälle auf jeden Fall vorhanden sein.
Unter dem Spot (nicht erreichbar für die Tiere) sollten einerseits 25-30°C erreicht werden, während auch Stellen mit ca. 23-25°C vorhanden sein sollten.
So können sich die Tiere am Ort ihrer täglichen Vorzugstemperatur aufhalten.
Lufttemperatur tagsüber 22-30°C empfinden die Rhacodactylus ciliatus als angenehm.
Im Winter kann man die Temperaturen etwas niedriger halten, so dass ein normaler Temperaturzyklus entsteht ca. 16°C-22°C.
Es werde Licht, und sehr vielfältig für Sie, wer die Wahl hat der hat die Qual!
Eine UV A/B Lampe in jedem Fall sehr empfehlenswert auch wenn unsere kleinen Rhacodactylus ciliatus nicht als tagaktiv gelten.
Sie stammen jedoch aus sonnigem Gebiet und dort ist es tagsüber locker bis zu 100.000 Lux hell.

Die ausreichende Versorgung mit Licht und Wärme ist für die Haltung von Reptilien generell eine wichtige Grundvoraussetzung, die ich Ihnen kurz und intensiv erklären werde.
Zusätzlich zum sichtbaren Licht spielt das für uns unsichtbare UV-Licht eine bedeutende Rolle für die Rhacodactylus ciliatus.

Rhacodactylus ciliatus

Wohlbefinden der Tiere beiträgt, benötigen sie, wie die meisten Wirbeltiere auch, **UV B** Strahlung (Dornostrahlung im Bereich von etwa 315-280 nm).
UV A/B Strahlung gibt die gesunde Grundlage um Vitamin D3 zu produzieren.
Durch die UV B Strahlung kann ein Provitamin in das für den Calciumstoffwechsel wichtige Vitamin D3 optimal umgewandelt werden.
Vitamin D3 wiederum ist verantwortlich dafür, dass aufgenommenes Calcium auch in die Knochen eingelagert werden kann bei den Rhacodactylus ciliatus.
Wenn das nicht geschieht, erkranken die Tiere schwer, es kann zu Missbildungen kommen oder zu schwerwiegenden Stoffwechselerkrankungen.
Oft zeigt sich dies zuerst als akute Hypokalzämie (durch ein Zittern der Muskulatur), denn auch für jede Muskelkontraktion wird Calcium benötigt.
Oder eine Leber Lipidose (Fetteinlagerung in der Leber/Stoffwechselstörung), die von außen nicht sichtbar ist.
Die fortschleichende Entmineralisierung der Knochen führt zu einer Erweichung derselben bis hin zu Frakturen des Kiefers oder der Gliedmassen der Tiere.
Leider bemerkt der Pfleger den Mangel erst, wenn es meist schon zu spät ist.
In vielen Fällen jedoch kann durch intensive, langwierige Behandlung das Tier gerettet werden und eine akzeptable Lebensqualität wiederhergestellt werden.
Besser in jedem Fall ist die Vermeidung dieser kostspieligen Mangelerscheinungen durch ausreichende Versorgung mit UV B Licht von Anfang an.

Wüsten-, halbwüsten- und Steppenbewohnende Reptilien brauchen sicher UV-Strahlung, egal ob die Tiere als tagaktiv oder nachtaktiv gelten!

Dabei ist darauf zu achten, wie stark die Tiere unter natürlichen Bedingungen ultravioletter Strahlung ausgesetzt sind, und natürlich wovon sie sich ernähren.

Als Terraristiker interessiert uns vor allem UV A und UV B Strahlung im Terrarium.

Bei Schlangen und vielen nachtaktiven, carnivoren (Fleisch fressenden) Echsen und Geckos scheint die UV-Strahlung eine untergeordnete Rolle zu spielen, sie ist nicht lebensnotwendig, trägt aber in jedem Fall zum Wohlbefinden dieser Tiere bei.

Auch hier ist der Markt wieder überschwemmt mit Lampen, die uns die UV-Strahlung in das Terrarium zu bringen versprechen.
Wobei das beste Licht und die gesündeste UV-Strahlung immer noch von unserer lieben großen Sonne kommen.

Rhacodactylus ciliatus

Bei Rhacodactylus ciliatus ist eine künstliche Bestrahlung unbedingt vonnöten, da diese aus warmen Breitengraden unserer Welt kommen.
Rhacodactylus ciliatus sonnen sich gerne und viel durch den Tag, sitzen sie in den Baumwipfeln!

Ultraviolette Strahlung hat auch die Eigenschaft, dass diese durch Glas und Plexiglas gefiltert werden und so nicht bei Tier ankommen können, wenn diese von außen an dem Terrarium befestigt werden!
Das heißt, es kommt gar keine Strahlung beim Tier an, wenn Sie die Lampe von außen in das Terrarium leuchten lassen.
Es kostet Sie nur den Stromverbrauch für nichts!
Des Weiteren nimmt die Intensität bei allen Leuchtmitteln, die auf dem Markt angeboten werden mit steigender Distanz stetig ab.
Über meine eigenen Tests, zum Teil mit sehr rascher und kurzer Distanz, jedoch später noch mehr!

Die Tiere müssen also direkt und aus einer an die Lichtquelle angepassten Entfernung bestrahlt werden.
Das erreichen Sie am einfachsten mit einem so genannten Sonnenplatz.
Das heißt für Sie, legen Sie einen Bambusstock unter die Lampe oder schauen Sie, dass eine Pflanze unter der Lampe ist.
So kann der Rhacodactylus ciliatus im weitesten Sinne selber bestimmen, welche Stärke an Bestrahlung er gerade braucht.
Später gebe ich Ihnen noch ein paar Distanzen von Lampe zu Tier an.
Die beste Prüfung machen Sie jedoch durch eigene Messungen.
Immer schön vorsichtig sein, dass die Tiere keine Möglichkeit haben, direkt an die Lampe zu springen. Verbrennungsgefahr!

Rhacodactylus ciliatus

Für Freigehege gibt es übrigens UV-durchlässiges Spezialplexiglas, zwar nicht ganz billig, aber ein sehr guten Schutz vor Katzen und Co.
Wenn man den Rhacodactylus ciliatus oder andere Reptilien auch mal draußen halten möchte.
Jedoch Vorsicht ist geboten, wenn Sie die Rhacodactylus ciliatus über Nacht draußen lassen wollen, wegen der eventuellen schnellen Temperaturschwankungen, die nicht zu stark sein dürfen!

Nun stellt sich die schwierige Frage: welches Leuchtmittel ist denn am geeignetsten für den Rhacodactylus ciliatus?
Direkt vorab zu sagen, die perfekte Lampe gibt es, aus meiner Sicht, nicht!
Jedoch sind die Unterschiede und die Abgaben der UV Anteile erschreckend, entweder gut oder schlecht!
Abbildungen von Reptilien auf der Packung oder die hohen Preise selbst und die UV-Prozentangaben sind keinerlei Hinweis darauf, dass es sich tatsächlich um ein für Reptilien geeignetes Leuchtmittel handelt.
Und wieso schreiben die Hersteller die Prozentangaben auf die Packung, die ohne Kenntnis der gesamten abgegebenen Lichtleistung überhaupt keine Aussagekraft haben.

Die Aussagekraft dieser % Kennzahlen ist etwas fragwürdig für mich, da ja für die Tiere die eigentliche UV-Leistung (in nW/cm^2) maßgebend ist, und nicht irgendwelche Prozentzahlen!
Wieso die Hersteller nicht die abgestrahlte UV-Leistung in $\mu W/cm^2$ angeben, ist mir wirklich nicht ganz klar.
Vermutlich handelt es sich um einen Marketing-Trick!

Kurz gesagt:
$1\ nW/cm^2 = 10\ \mu W/cm^2$
(1 Nanowatt je Quadratzentimeter =
10 Mikrowatt je Quadratzentimeter)

Hinzu kommt dass UV-Licht ein viel diskutiertes Thema bei Terrarianern ist und bleibt.
Und viele auf Fehlinformationen beruhende Meinungen von Fachleuten wie auch von Laien und Händlern verbreitet werden.
Die es für den Terrarianer nicht gerade einfacher machen, die richtige Wahl zu treffen, die es in meiner Sicht nicht zu 100% gibt.

Es ist immer eine Kombination verschiedener Leuchtmittel vonnöten, um einigermaßen ein gutes Verhältnis zu bilden.
Selbstverständlich muss neben der UV B Versorgung auch eine ausreichende Beleuchtung und Luftfeuchtigkeit sichergestellt sein.

Rhacodactylus ciliatus

Die Schaffung von Sonnenplätzen sowie ein Temperaturgradienten (wärmere Bereiche auf der einen und kühlere Bereiche auf der anderen Seite) sind zwingend nötig für den Rhacodactylus ciliatus.
Zu bedenken ist, dass manche Lampen zwar tatsächlich eine beträchtliche Menge UV B Strahlung abgeben, diese jedoch nicht ausreicht, wenn die Tiere sich nur wenige Stunden am Tag darunter aufhalten.

Die gute Ausleuchtung des Terrariums ist also auch ein sehr wichtiger Punkt in der Terraristik.
Die richtige Position der Lampe ist das A und O, daher empfiehlt es sich ein Holzterrarium zu nehmen.

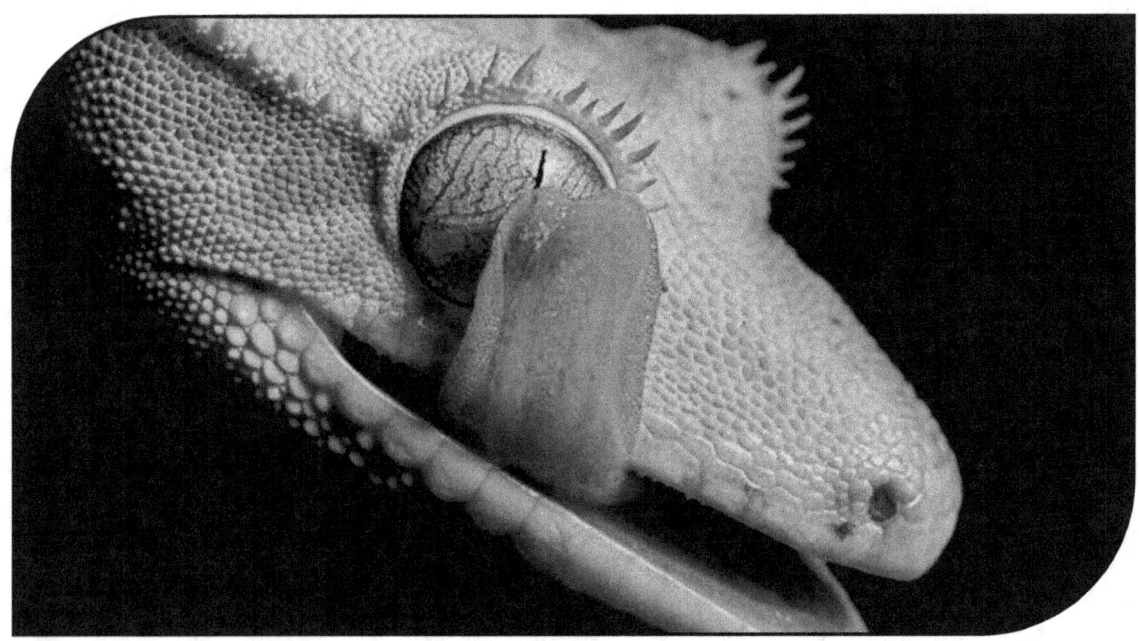

Damit sind Sie absolut nicht gebunden an die Platzanordnung der Lampenhalterungen, und es fällt Ihnen leichter die richtige Stelle zu finden.
Sie haben mit geringem Aufwand die Möglichkeit, Ihre Leuchtmittel dort einzusetzen, wo diese auch tatsächlich etwas den Tieren nützen.
Wenn der Abstand zu den Tieren zu groß ist, kommt zu wenig Strahlung bei den Tieren an und nützt reichlich wenig.
Die folgende Auflistung beruht auf eigenen Messungen vom „künstlichen Sonnenlicht" und einer Vielzahl an unterschiedlichen Lampen im Angebot im Handel.
Insbesondere aber auf der Erfahrung mit vielen verschiedenen Tierarten in der Terraristik, die ich selber halte.
Es gibt erstaunlicherweise viele Fälle, in denen die Tiere auch mit eigentlich unzureichender UV B Versorgung gedeihen können, um Risiken jedoch zu minimieren sollte eine möglichst optimale Versorgung bei allen unseren Terrarien-Tieren immer sichergestellt sein.

Rhacodactylus ciliatus

Dazu werden im Handel verschiedene Möglichkeiten angeboten.
Auf die Nennung von Markennamen möchte ich größten Teils verzichten, es gibt hierzu viele andere gute Bücher im Handel.

Glühbirnen, **Spotstrahler** und **Presskolbenlampen** wie auch **Halogenlampen** geben Wärme und reines Licht kombiniert ab.
Daher sind sie Bestandteile mancher Terrarieneinrichtung und als Wärmequelle einer Rotlichtlampe sicher immer vorzuziehen.
Die **Keramikstrahler** sollten meiner Meinung nach nicht verwendet werden bei Rhacodactylus ciliatus, da das lebensnotwendige UV-Licht von diesen nicht abgegeben wird.
Leider wird auch viel zu oft eine handelsübliche Glühbirne mal schnell zur "Reptilienlampen" gemacht, ohne hier jemand angreifen zu wollen.
Der Hinweis allein von "UV A/UV B Anteil", lässt meistens auf einen absolut unzureichenden Anteil der notwendigen UV B Strahlung schließen.
Diese Lampen schaden nicht, sind aber sicher nur als Wärme- und zusätzliche Lichtquellen zu gebrauchen.

Leuchtstoffröhren T8 / T5 werden zwar inzwischen speziell für den Terraristikbedarf hergestellt, jedoch ist die Abgabe an UV B Strahlung schon bei wenigen Zentimetern Abstand sehr gering.
Ich habe auf ca. 30cm KEIN UV B Anteil mehr gemessen und noch 10 nW/cm2 an UV A Anteil.
Das ist deutlich zu wenig für unsere Tiere.
Die stark abnehmende Strahlung nützt den Tieren gar nichts.
Die Strahlung allgemein ist für unsere Augen nicht erkennbar.
Nur durch Messungen sind diese wirklich ersichtlich.
Diese Röhren, wie auch alle anderen oben genannten Lampen, sind meiner Meinung nach dazu einsetzbar, das Lichtspektrum und die Ausleuchtung für das Terrarium zu verbessern.

Unsere Reptilien sind aufgrund besonderer Zellen (Zapfen) im Auge dazu fähig, auch in anderen Bereichen als der Mensch zu sehen.
Die Neonröhren allein sind für die Vitamin D3-Synthese jedoch niemals ausreichend genug.
Die Lux-Messung hat auch ergeben auf 30cm noch 1`100 Lux.

Wobei zu sagen ist, dass ich an diesem Tag bei mir zu Hause im Garten zuerst eine Messung gemacht habe, damit ich einen Vergleich hatte zu den Leuchtmitteln im Handel.

Das Ergebnis im Garten war trotz Bewölkung und Quellwolken 10`000 Lux, ein UV B Anteil von 50 nW/cm2 und ein UV A Anteil von 350 nW/cm2.

Es gab keine direkte Sonnenbestrahlung auf die Messgeräte.
Das soll Ihnen auch ein Vergleich geben, wie schwach die Röhren und einige Leuchtmittel wirklich sind.

Kompaktlampen, auch als **"Energiesparlampen"** bekannt, sind einfach nur Miniatur-Leuchtstoffröhren mit einem integrierten Vorschaltgerät.
Sie geben auf wenige Zentimeter tatsächlich eine beträchtliche Menge UV-Strahlung ab.
Diese Strahlung ist jedoch häufig leider zu kurzwellig und verursacht unter Umständen eine Keratokonjuktivitis (Hornhaut-/Bindehautentzündung) bei den Tieren, die zur Erblindung oder zum frühzeitigen Tod der Tiere führen kann.
Im zu großen Abstand zu den Tieren ist diese Lampe wiederum wirkungslos.
Allein deswegen ist dieser Lampentyp aus meiner Sicht für die Terraristik gänzlich ungeeignet.
Die Messung auf nur 10cm hat ergeben, 4000 Lux und keinen UV B Anteil mehr, also 0 nW/cm2 und einen UV A Anteil von noch 20 nW/cm2.
Wobei noch zu sagen ist, dass die Messung der Energiesparlampen seitwärts immer etwas höher ausfallen können, als wenn man diese nur von vorne direkt im Kegelzentrum misst.
Nichts desto trotz auf 10cm Distanz absolut inakzeptabel.

HQI-Strahler (Halogenmetalldampflampen) werden gerne für Terrarien verwendet, da sie eine sehr gute Lichtquelle darstellen.
Die Wärmeleistung ist zwar eher mittelgradig bei diesen Typen.
Es gibt auch speziell für die Terraristik hergestellte Strahler, basierend auf altbekannter Technik.
Hier zeigten jedoch mehrere Messergebnisse und auch die praktische Erfahrung, dass diese zwar ein Schritt in die richtige Richtung sind, sie jedoch als zuverlässig ausreichende UV B Quelle nicht einsetzbar sind.
Trotz des hohen Preises zeigt die Werbung ihre Wirkung, und diese Lampen werden vielfach eingesetzt, ohne dass wir, die Konsumenten, etwas davon ahnen.

Rhacodactylus ciliatus

Vorab sei erwähnt, dass es sich bei den Bright Sun Strahlern um **UV Metalldampflampen** handelt, die unbedingt ein Vorschaltgerät benötigen.
Das bedeutet, es wird teurer.
Die gute Qualität jedoch zahlt sich für unsere Tiere schnell aus.

Folgende Leuchtmittel wurden verglichen.
Alle im Abstand zu 30cm und in nW/cm2 gemessen und angegeben.

Lucky Reptile Bright Sun UV 50 Watt Dessert hat 35000 Lux, einen UV A Anteil von 6.500 nW/cm2 und einen UV B Anteil von 80 nW/cm2.
Lucky Reptile Bright Sun UV 50 Watt Jungle hat 46000 Lux, einen UV A Anteil von 4.200 nW/cm2 und einen UV B Anteil von 80 nW/cm2.
Lucky Reptile Bright Sun UV 70 Watt Dessert hat 69000 Lux, einen UV A Anteil von 9.200 nW/cm2 und einen UV B Anteil von 130 nW/cm2.
Lucky Reptile Bright Sun UV 70 Watt Jungle hat 68000 Lux, einen UV A Anteil von 7.800 nW/cm2 und einen UV B Anteil von 90 nW/cm2.

Ist nicht schlecht, dieses Ergebnis, es wird jedoch noch besser!

HQL-Strahler (Quecksilberdampflampen) geben Licht und Wärme kombiniert ab und haben teilweise einen mittelmässigen UV B Anteil im Licht enthalten.
Für das Gedeihen unserer Tiere reicht er jedoch nicht wirklich aus.
Hier ist auch auf starke Variationen im Strahlungsspektrum je nach Hersteller zu achten.
Bei manchen Lampen wird sogar kein UV B abgegeben, lassen Sie sich nicht irreführen von den hohen Preisen.
Ein guter Strahler von diesem Typ gibt mal gerade 5000 Lux ab.

Besser sind da schon die moderneren **HQL-Mischlichtstrahler** mit integriertem Vorschaltgerät, wie sie von verschiedenen Herstellern für die Terraristik angeboten werden.
Diese sehen aus wie große Glühbirnen, geben aber tatsächlich eine gewisse Menge UV B Strahlung ab, sowie viel Licht und Wärme.
Vom hohen Preis abgesehen sind es ideale Terrarienlampen, doch auch hier ist die UV B Strahlung noch ergänzbar.

Gleiches gilt auch für **HQI-"Birnen"**, die mit einem externen Vorschaltgerät angeboten werden.
ZooMed Powersun ©, JBL Solar UV-Spot ©, usw.
Eine Zoo Med Powersun 100 Watt, liegt um die 6000 Lux.

Hier noch die **Entladungslampe**. Sie ist für die UV-Versorgung gut geeignet.
Rein optisch sind sie leicht mit den für die Terraristik hergestellten Lampen zu verwechseln, jedoch weist die Zusammensetzung und vor allem die Menge der abgehenden Strahlung große Unterschiede auf.

Rhacodactylus ciliatus

Diese UV-Strahler sind keine "Reptilienlampen", sondern im Humanbereich im Einsatz.
Sie sind ausschließlich mit 300W erhältlich und von manchen Händlern werden diese Lampen auch als "Reptilienlampen" umetikettiert, was ich nicht schlecht finde.
Achten Sie unbedingt auf die Wattzahl „**300W**" bei der Ultravitalux Spot-Strahlern.

Bei dieser Stärke sind die Entladungslampen für einen Dauerbetrieb natürlich nicht geeignet, wir wollen ja die Tiere nicht grillieren.
Bei einer täglichen, halbstündigen Bestrahlung aus ca. 60 bis 80 cm Abstand jedoch besteht keine Gefahr einer Schädigung, während die UV-Versorgung der Tiere sichergestellt ist.
Eine Unterschreitung dieser Zeit sollte nur erfolgen, wenn die Lampe 15 Minuten Vorbrennen kann, da die Lampe etwa diese Zeit benötigt, um die maximale UV B Abstrahlung zu erreichen.
Eine Eingewöhnungszeit der Tiere mit kurzen Bestrahlungsdauern ist nicht notwendig.
Jedoch der Abstand von Minimum 60 cm ist notwendig, sonst werden die Tiere krank auf Dauer.
Sie merken schnell, wann die Zeitschaltuhr einschaltet und wieder ausschaltet.
Diese Bestrahlungshinweise beziehen sich eigentlich auf die Anwendung beim Menschen, für die die Lampe auch konstruiert worden ist.
Da die UV B Abgabe auch bei diesen Lampen mit der Zeit abnimmt, sollte sie gelegentlich gemessen und ersetzt werden.
Es braucht kein teures Vorschaltgerät, jedoch nehmen Sie eine Keramikfassung, da diese Lampe sehr heiß wird.

Mittlerweile habe ich neben der normalen Tagesbeleuchtung alle Terrarien umgerüstet mit einer Verwandten solchen Lampe,
der T-Rex Active UV Heat © als ganztags Licht Sonnenplatz.
Die T-Rex Active UV Heat © braucht auch kein Vorschaltgerät und ist im Gegensatz zu der Ultravitalux Spot-Strahlern nicht nur 30 Minuten einsetzbar pro Tag.
Meine T-Rex Active UV Heat © ist jetzt ein Jahr im Einsatz und die Messungen haben ergeben.
Auf 30cm Abstand gab diese noch **96`000 Lux** ab, einen UV **B** Anteil von 280 nW/cm2 und einen UV **A** Anteil von 1800 nW/cm2.
Das ist eine gute, preislich akzeptable Leistung der Lampe.

Zur Messung der Abgaben der UV-Anteile Ihrer Leuchtmittel können Sie zum Beispiel mit einem gemieteten Gerät auch selber zu Hause die Prüfungen machen.
Fragen Sie in einem Reptilien Fachgeschäft nach.
Bei großer Anzahl an Terrarien kann sich jeder auch selber überlegen, ob er sich solche Geräte anschaffen möchte, da die guten Teile Ihren Preis haben.

Rhacodactylus ciliatus

Zurück zum Thema Licht:

Das Ziel ist in jedem Fall eine gute Lampe, an einem festen Ort im Terrarium mit einer Keramikfassung (Plastikfassung schmilzt) zu installieren.

Die Profi - Lampe noch zum Schluss, rein informativ:
Eine weitere Lampe, die sicher zu erwähnen ist, ist die Profi Zoologist Lampe, Reptile UV Mega-Ray ©, das wohl zurzeit fortschrittlichste Produkt auf dem Markt.
Diese Lampe hat im Zentrum des Lichtkegels eine der Ultravitalux 300W Entladungslampe annähernd gleich große UV B Leistung, und kann wegen ihrer niedrigeren Wattzahl auch als Ganztages-Sonnenlampe problemlos eingesetzt werden.
Zusätzlich kann sie durch ein weiteres lichtspendendes Leuchtmittel wie zum Beispiel eine Leuchtstoffröhre erweitert werden.
Auch hier ist ratsam, die Abnahme der UV B Abgabe zu kontrollieren.
Diese Birne ist in verschiedenen Stärken (60W, 100W und 160W) erhältlich, jedoch leider in Deutschland bisher noch nicht so weit verbreitet.
Es gibt Lampen mit integriertem Vorschaltgerät und mit externem Vorschaltgerät.
Die Zoologist Lampen werden nur mit einem entsprechenden Bedarfsnachweis verkauft, und sind eigentlich nur für groß dimensionierte Zooanlagen mit großen Distanzen zu den Tieren entwickelt worden.
Jetzt wurde aber auch die Normalverbraucher Lampe herausgegeben für den Privatgebrauch.
Super Sache, finde ich und arbeite auch ab und an mit dieser guten Lampe.
Aus meiner Sicht, super Licht, jedoch im zu kleinen Terrarium der Rhacodactylus ciliatus gar nicht geeignet.
Achten Sie unbedingt auf die Distanz, die sie bei dieser Lampe zu den Tieren einhalten müssen.
Darum geben Sie den Kleinen mehr Platz und profitieren Sie von einer super Beleuchtung.
Ein HOCH auf ein Langes Leben der Rhacodactylus ciliatus.
Das war ein kurzer Einblick für Sie in die Weiten der Beleuchtungs-Möglichkeiten.

Und was ist nun die richtige Beleuchtung?
Generell lässt sich darauf nur schwerlich eine Antwort geben.
Da hier viele Faktoren davon abhängen, wie Preis und die zu pflegende Tierart und natürlich die Größe des Terrariums und die Lebensdauer der Lampen.
Alle diese Punkte haben auch einen enormen Einfluss bei der Wahl der Lampe.
Bei der Auswahl der Beleuchtung sollte man auf jeden Fall einige Punkte berücksichtigen.

Rhacodactylus ciliatus

Wo kommt mein Tier her, welchen Temperaturen ist es ausgesetzt und wie ist der Niederschlag.
So stellt man die Lichtintensität zusammen.
Jedoch sollte das Vorhandensein von Wärmepunkte auch nicht vernachlässigen werden, dann kann nicht mehr viel falsch gehen.
Die Beleuchtung in den Terrarien wird immer eine Herausforderung bleiben für uns alle, wählen Sie einfach das für Sie beste Leuchtmittel aus.

Mit Zeitschaltuhren, unterschiedlich eingestellt, meistern Sie das Licht.
Hier für ein Beispiel für Sie:
Tagsüber eine Zeitschaltuhr für die Beleuchtung von UV A/B, je nach der von Ihnen gewählten Lampe.
Dann eine zweite Zeitschaltuhr, für die Leuchtstoffröhre (reines Licht) zum Beispiel von 08:00 bis 22:00 Uhr.
Und die dritte Zeitschaltuhr, für die Mondlichtlampe in der Nacht von 22:00 bis 08:00 Uhr.
Dazu kann der Nebler in einer Ecke im Terrarium in Betrieb genommen werden, und das ganze ist gute und saubere Variante.
Gestalten Sie es selber, wie Sie es für richtig halten.

Achten Sie auch auf, den Platz der Wasserschale nicht in die Ecke des Leuchtmittel stellen.
Das führt zur schnellen Verdunstung des Wassers, und die Tiere brauchen immer Wasser.

Luftfeuchtigkeit:
Um die Luftfeuchtigkeit von etwa 60% am Tag zu erreichen, reicht es aus, jeden Tag mit lauwarmen Wasser in das Terrarium zu sprühen.
Am Abend sollte die Luftfeuchtigkeit auf 90% erhöht werden.
Achten Sie darauf, wo die Rhacodactylus ciliatus sitzen.
Es sind sehr wasserliebende Tiere, die Kleinen trotzdem nicht direkt in das Visier nehmen.

Rhacodactylus ciliatus

Temperaturen:

Ein möglicher Tagesablauf kann demnach so aussehen:

6:00 Uhr Sonnenaufgang, der Regenwald liegt im Nebel (20°C)
bis 10:00 Uhr viel Wasser verdunstet (20-25°C)
bis 13:30 Uhr große Wolken entstehen und verdecken die Sonne (28°C)
zwischen 14:00 Uhr und 17:00 Uhr heftige Regenfälle und Gewitter (bis ca.30°C)
ab 17:00 Uhr die Sonne scheint wieder (28°C)
18:00 Uhr Sonnenuntergang (26°C)
nach 18:00 Uhr es ist dunkel (Nacht's 20-23°C)

Als tropischen Regenwald bezeichnet man eine der Vegetationsformen, die nur in den immerfeuchten tropischen Klimazonen anzutreffen ist.
Tropische Regenwälder existieren in Süd- und Mittelamerika, Afrika und Südasien sowie Australien beidseitig des Äquators bis ungefähr zum 10.Breitengrad, stellenweise aber auch deutlich darüber hinaus.

Charakteristisch für das Wetter dieser Ökosysteme sind ganzjährige Niederschläge, die im Frühjahr und im Herbst - während der so genannten Regenzeiten - besonders intensiv sind und dazu führen, dass pro Jahr mindestens zehn Monate ein humides Klima herrscht, also mehr Niederschlag fällt als verdunsten kann.
Gleichwohl verdunstet eine erhebliche Menge des Regens rasch wieder, auch über das Blattwerk der Vegetation, so dass der Regenwald selbst durch diese starke Verdunstung zu neuerlichem Niederschlag beiträgt.
Die Niederschlagsmenge liegt pro Jahr zwischen 2000 und 4000 mm; sie kann aber an Berghängen, die dem Wind ausgesetzt sind, auch mehr als 6000mm erreichen (zum Vergleich: am Südhang des Taunus ca. 800mm pro Jahr).

Die Mondlichtlampe ist auch eine gute Alternative für die Temperatur Einstellung.
Die nächtlichen Temperaturen können also leicht mit einer speziellen Mondlichtlampe erreicht werden, die Lampe gibt auch das perfekte Licht zum Jagen ab.
Sie sehen im Übrigen auch die kleinen, ohne dass sich diese von Ihrer Anwesenheit gestört fühlen.

Ernährung:
Die Rhacodactylus ciliatus sind sehr gute Jäger, daher können Sie die Futtertiere nur in das Terrarium geben.
Am besten gegen Abend, kurz bevor das Tages Licht ablöscht,
Die Tiere sind nicht heikel, ernähren sich ausschließlich **karnivor** (fleischfressend).

Rhacodactylus ciliatus

Natürlich sollten die Futtertiere nicht zu groß sein, da die Rhacodactylus ciliatus ja nicht daran ersticken dürfen.
Eine Faustregel besagt, die ganze Körperlänge der Futtertiere, sollte die Kopfbreite der Rhacodactylus ciliatus (Tiere) nicht überschreiten.
Besonders gut eignen sich Grillen, Heimchen oder Insekten, Buffallo-Würmer ,Steppengrillen, Schaben, kleine Heuschrecken oder Fruchtbrei.
Beim Brei nehme ich meistens Babybrei aus dem Handel, ausser den sauren Zitrusfrüchte Brei nehmen meine Tiere alle gerne den süssen Brei an.
Wenn eine Sorte nicht so gut angenommen wird, mischen sie einfach ein wenig Honig darunter und dann wird gegessen!
Drosophila, Mikroheimchen sind gut für die Jungtiere und Nachzuchten.
Auch Wachsmottenlarven und kleine Mehlwürmer darf man ihnen ab und an zufüttern, wobei natürlich darauf geachtet werden muss, dass die Rhacodactylus ciliatus nicht verfetten.
Das passiert gerne bei den Weibchen, das sind kleine Nimmersatte.

Weibchen benötigen außerdem verstärkt ein Kalziumzusatzpräparat, das den Knochenbau fördert.
Da Sie Eier legen, stellt man neben der Bestäubung der Futtertiere, zum Beispiel eine Schale mit zerriebener Sepiaschale im Terrarium bereit, so können die Kleinen ihren Bedarf selber noch abdecken.
Sepiaschale lässt sich leicht zerkleinern, indem man mit Hilfe eines Esslöffels an der Sepiaschale kratzt.
Sepiaschale kommt so in der gewünschten Pulverform in einer Schale in das Terrarium.
Auch ein Vitaminpräparat mit Vitamin D3 darf jede Woche einmal nicht vergessen werden.
Mit Magnesium oder Sepiaschale sollte man die Futtertiere jede Fütterung bestäuben.
Gerade die Wahl des richtigen Futters trägt entscheidend zum Wohlbefinden der Rhacodactylus ciliatus bei.
Achten Sie auf eine ausgewogene Ernährung und eine ausreichende Versorgung mit Vitaminen und Mineralien.
Bestäuben Sie Futtertiere immer regelmäßig auch mit verschiedenen Vitaminpräparaten.
Einige Futtertiere haben einen hohen Fettanteil, welches zur Verfettung der Rhacodactylus ciliatus führen kann, wenn man immer nur die gleiche Sorte anbietet.
Reichen Sie daher Futtertiere wie Mehlwürmer und Wachsmaden nur einmal im Monat.
Die Fütterung erfolgt bei mir jeden 2. Tag mit etwa 3 bis 4 Futtertieren (Grillen, Heimchen) pro Adulten Rhacodactylus ciliatus.

Wichtig bei den Jungtieren ist, das Füttern jeden Tag und mit der Pipette über einen Zeitraum von dem ersten Monat zu tränken.

Rhacodactylus ciliatus

Während dieser Zeit auch schon eine kleine Schale mit Wasser im Aufzucht Becken bereitstellen, achten Sie darauf, dass die kleinen Rhacodactylus ciliatus nicht ertrinken können.
Die ersten paar Fütterungen der kleinen gut kontrollieren, sie müssten eigentlich von Anfang an selbständig fressen.
Wenn die Rhacodactylus ciliatus am zweiten Tag (nach dem Schlupf) keine Micro Heimchen angenommen haben.

Nehmen Sie die Micro Heimchen mit einer Pinzette und versuchen Sie, dass der kleine Rhacodactylus ciliatus diese so annimmt.
2-3 Tage nach dem Schlupf können sich die Rhacodactylus ciliatus noch vom Dottersack ernähren, den Sie beim Schlupf resorbiert haben.
Lassen Sie sich Zeit und schauen Sie, dass der Rhacodactylus ciliatus durch nichts abgelenkt werden kann.
Eine Ablenkung kann auch eine kleine Grille sein, die noch im Terrarium umhergeht.
Manchmal gibt es Jungtiere, die Angst haben vor den Futtertieren.
Darum geben Sie täglich nicht mehr als 2 Stück in das Terrarium.
Versuchen Sie auch den Babybrei schmackhaft zu machen, einen ganz kleines bisschen auf die Schnauzspitze und schon schleckt der kleine Rhacodactylus ciliatus wild drauf los.

Ein monatlicher Bedarf an Futtertieren könnte bei zwei gehaltenen Rhacodactylus ciliatus so aussehen.
2 Rhacodactylus ciliatus x 8 Grillen x 15 Tage = 120 Futtertiere.
Dann kommt noch die Futter Abwechslung dazu, und Sie haben schon einen kleinen Zoo zu Hause.
Keine Angst, umso mehr verschiedene Arten bei Ihnen zu Hause wohnen, umso leichter wird die Bestellung für Sie.

Die gute Beobachtung ist schön und wichtig und die regelmäßige Kontrolle der Gewichtszunahme der Tiere unerlässlich.
Eine wöchentliche Kontrolle mit einer kleinen Waage (Briefmarkenwaage) macht Sinn.
Damit Sie kontrollieren können, ob die Rhacodactylus ciliatus auch genug Futter abbekommen haben.
Der kleine Rhacodactylus ciliatus ist ein Gentleman gegenüber den Weibchen!

Rhacodactylus ciliatus

Körpergewicht der Rhacodactylus ciliatus.
Adultes Weibchen: Normalbereich ist von 38g bis 43g im trächtigen Zustand teils noch mehr.
Adultes Männchen: Normalbereich ist von 38g bis 45g.
Frisch Geschlüpfte: 1.5g bis 2.0g ist im grünen Bereich.
KRL ist etwa 38-42mm mit einer Schwanzlänge von 33-36mm normalem Bereich.
Die Gewichtszunahme der jungen ist etwa in 15 bis 30 Tagen um die 0.3g bis 0.5g normal.

Eiablage und Trächtigkeit:
Die Rhacodactylus ciliatus sind ovipar (eierlegend).
Im Abstand von 60 Tagen legen die Weibchen ein bis zwei Ovale weichschalige Eier, die sie meistens vergraben.
Gut wäre es wenn ein Weibchen nicht mehr als 4-6 Gelege pro Jahr hat, es ist ein Riesen Stress für die kleinen Rhacodactylus ciliatus.
Achtung Rhacodactylus ciliatus sind Spermathek (Sperma speichernde) Geckos.
Gerade für die Einsteiger gut zu wissen, eine einzige geglückte Verpaarung reicht für mehrere Befruchtete Gelege aus.

Für uns Pfleger ist es wichtig zu wissen, dass ein Gelege mit ovalen Eier eine Grösse von ca. 21-24mm auf ca. 8.5-11mm aufweisen.
Aus diesem Grund muss das kleine nimmersatte Rhacodactylus ciliatus Männchen auch nicht ständig bei den Weibchen sein.
Denken Sie an die Winterpause von 4 Monaten.
Aus den Eiern schlüpfen nach rund 60 bis 121 Tagen Jungtiere im Inkubator (Brutstation).
Die Jungtiere sehen schon ganz genau so aus wie die adulten (erwachsenen) Tiere.
Die Rhacodactylus ciliatus können ein Alter von 20 bis 25 Jahren erreichen, je nach Haltung und Stresspotenzial der Tiere.

Inkubation der Eier:
Um die gelegten Eier zum Erfolgreichem Schlupf zu bringen, muss man sich mit den nötigen Brutbedingungen auseinandersetzen.

Rhacodactylus ciliatus

Die Eier brauchen zur erfolgreichen Entwicklung eine bestimmte Temperatur.
Weiter sind die Umgebungsfeuchtigkeit und die Luft zum Gasaustausch sehr wichtig.
Am besten gelingt die Inkubation (Ausbrütung) bei einer Temperatur von 20-26C°, wobei die Inkubationszeit zwischen 60 jedoch max. 121 Tagen liegt.
Häufige Temperaturschwankungen (Nachtabsenkung) auf Raumtemperatur stellt meist kein großes Problem dar, verlängert jedoch die Inkubationszeit.
Um all diese Bedingungen zu erreichen, kaufen Sie sich einen Inkubator oder machen Sie diesen selber.

Wichtig: die Eier dürfen beim Herausnehmen nicht gedreht oder geschüttelt werden.

Legen Sie sie genauso vorsichtig in das Substrat, wie Sie die Eier im Terrarium vor gefunden haben.
Als Substrat eignet sich gut Vermiculite.
Füllen Sie das Vermiculite in ein Heimchendöschen und befeuchten dieses leicht.
Das Vermiculite darf nicht tropfen, zum Test nehmen Sie ein wenig Vermiculite zwischen die Finger und pressen Sie kräftig zusammen.
Es darf sich nur schwach feucht anfühlen und nicht tropfen.
Sollte es tropfen, nehmen Sie ein wenig zu nasses Vermiculite raus und ersetzen Sie dieses durch trockenes Vermiculite.
Mischen Sie beides noch mal gut durch.

Eigene Nachzuchten zu haben, und zu sehen wie die Entwicklung vom Ei zum Gecko geht, macht viel Spaß.
Bedenken Sie einfach noch ein paar Sachen.
Wer ein Männchen mit vier Weibchen verpaart, muss mit bis zu 24 Jungtieren im Jahr rechnen.
Alle Tiere werden bis zu 25 Jahre alt, und es gibt viele gute Züchter auf dem Markt.
Diese müssen alle aufgezogen werden, und die Weitergabe der Geckos in gute Hände wird schnell zur Herausforderung.
Es gibt viele private und gute professionelle Züchter auf dem Markt.
Überlegen Sie sich gut, ob es gut ist, immer alle Eier zu inkubieren.
Während des Inkubierens der Eier kann es auch zu Komplikationen kommen.
Wenn die Eier im zu trockenen Substrat liegen, können diese einfallen.
Wenn man das Substrat nachfeuchten muss, darf auf keinen Fall Wasser direkt an die Eier kommen.
Sich normal entwickelnde Eier sind weiß, können sich jedoch durch unterschiedliche Eiablage- oder Brutsubstrat leicht verfärben.

Rhacodactylus ciliatus

Bei schnellen Verfärbungen der Eier, oder pelzigen/schimmligen Belag auf den Eier, diese sofort entfernen, diese sind nicht mehr zu retten.
Entfernen Sie auch ein (Esslöffel großes) Stück Substrat, damit kein Übergreifen des Pilzes auf die anderen Eier im gleichen Heimchendöschen passiert.

Inkubator leicht selbst gemacht:
Besorgen Sie sich eine Styroporkiste (mit Deckel) im Zoofachgeschäft, diese werden meistens zum Transport der Zierfische gebraucht und häufig gratis abgegeben.
Jetzt testen Sie diese auf die Undurchlässigkeit des Wassers. Stellen Sie die Box in die Badewanne füllen sie sie mit ca. 10cm Wasser.
Nach 2 Stunden prüfen Sie die Box auf der Außenseite.
Sollte alles In Ordnung sein, leeren Sie das Wasser wieder aus und suchen Sie einen Platz für Ihren Inkubator (Kiste).
Es muss einem Platz sein, wo Sie die Kiste Minimum 2 Monate stehen bleiben kann, ohne das diese bewegt oder verschoben werden muss.
N.B. Achten Sie darauf, dass Sie täglich ohne großen Aufwand in den Inkubator schauen können.
Jetzt füllen Sie wieder Wasser ein und legen einen Heizstab mit der entsprechend eingestellter Temperatur in das Wasser.
Nun müssen Sie noch ein Tablar in den Inkubator stellen.
In der Regel haben diese Transport Kisten innenseitig schon einen Vorsprung, wo das Tablar darauf gestellt werden kann.
Sollte das nicht de Fall sein, nehmen Sie 2 Bachsteine, stellen einen rechts und einen links in das Wasser und legen das Tablar darauf.
Das Tablar darf das Wasser nicht berühren.
Um das Kabel vom Heizstab aus der Kiste zu bringen schneiden sie eine kleine Einkerbung oben in eine Ecke und legen das Kabel dort rein.
Auf keinen Fall Löcher in die Kiste bohren, diese wäre nicht mehr dicht.
Der Inkubator sollte schon im Betrieb sein, auch wenn Sie noch keine Eier im Terrarium gesichtet haben, und schon mal auf seine Temperatur getestet sein, bei 20-26C° ist es optimal für Rhacodactylus ciliatus auszubrüten.
Manchmal muss der Heizstab je nach Modell auf mehr oder weniger als 20-26C° eingestellt werden.
Testen Sie die Temperatur unbedingt, indem Sie ein Thermometer auf das Tablar legen, die Box schließen mit dem Deckel und Minimum 8 Stunden geschlossen lassen.

Haben Sie nun Eier im Terrarium gesichtet?
Nehmen Sie die Eier erst nach der Vorbereitung des Heimchendöschen mit Substrat (Vermiculite) heraus.
Das Heimchendöschen wird mit leicht Befeuchtetem 1cm bis 2cm hohen Substrat befüllt.

Rhacodactylus ciliatus

WICHTIG: Eier nicht drehen oder wenden, je nachdem wo ihre Rhacodactylus ciliatus die Eier gelegt haben ist es schwierig diese zu bergen ohne Sie zu verdrücken.
Gegen Ende der Inkubationszeit werden Sie des öfteren nachschauen gehen.
Achten Sie jedoch darauf, dass die Temperatur nicht zu stark sinkt.
Kurz vor dem Schlupf kommt es hin und wieder vor, dass aus dem Ei kleine Flüssigkeits-Perlen kommen.
Das nennt man „Schwitzen" der Eier.
Ab diesem Zeitpunkt sollte man die Rhacodactylus ciliatus nicht mehr stören, jegliche Versuche den Schlupf zu beschleunigen oder dem Rhacodactylus ciliatus zu helfen, wird meistens tödlich enden.
Der Schlupf kann sehr schnell gehen oder über 6 Stunden, dass weiß man nie im voraus.
Nach dem Schlupf häuten sich die Geckos zum ersten Mal.
Man sollte die Rhacodactylus ciliatus erst aus dem Inkubator nehmen, wenn diese den Dottersack am Bauch ganz eingezogen haben und im Heimchendöschen herum gehen.
Nehmen Sie mit Hilfe eines Esslöffels den kleinen Rhacodactylus ciliatus aus dem Inkubator.
Versuchen Sie nicht, die kleinen frisch geschlüpften Rhacodactylus ciliatus mit der Hand heraus zu nehmen, Sie würden Sie verletzen.
Auch für gekaufte Inkubatoren gilt die gleiche Temperatur von 20-26C°.

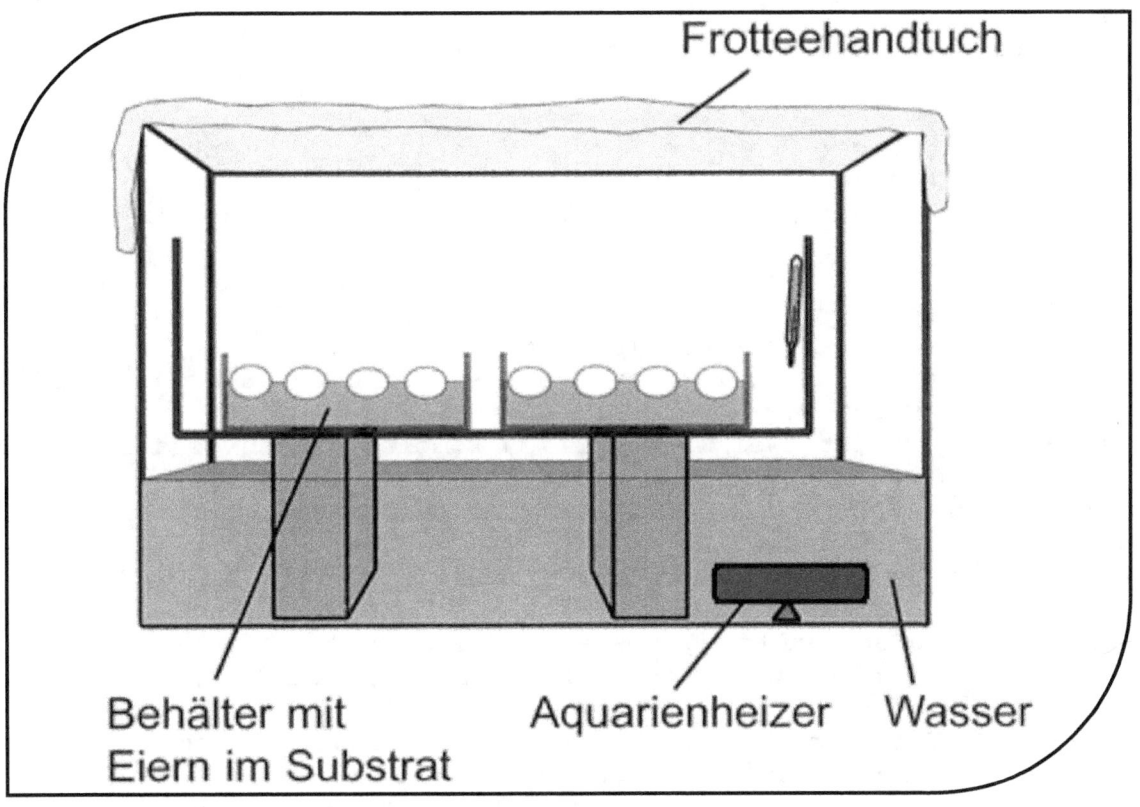

Rhacodactylus ciliatus

Aufzucht der Jungen:

WICHTIG:
Die Jungtiere können gemeinsam aufgezogen werden, dafür reicht eine normale Dose 20x20x25 (LxBxH) am Anfang völlig aus.
Nehmen Sie eine Plastikbox mit Loch Deckel und legen Sie ein Küchenkrepp leicht befeuchtet rein.
Geben Sie den kleinen Rhacodactylus ciliatus auf dem Löffel nun in das Döschen.
Die Aufzucht von Jungtieren gestaltet sich meistens unproblematisch und somit kann man sich ruhig an die Aufzucht von Jungtieren herantrauen.
Die Jungtiere sollten, bis sie jährig sind, ständig in größere Behälter umziehen dürfen.
Ab 4 Monate in eine Dose von ca. 30 x 30 x 40 cm (LxBxH) für 4-6 Jungtiere ist in Ordnung.
Der Bodengrund hier sollte Kokosnuss Substrat sein.
Ab 8-9 Monaten werden die Rhacodactylus ciliatus geschlechtsreif, trennen Sie die Tiere bitte frühzeitig, da diese Spermathek sind und meistens in der Aufzucht mit den Geschwistern gehalten werden!
Zum einen ist die Futterannahme und Kontrolle gesichert und zum andern passiert den Schützlichen nichts durch andere Adulte oder Geschwistertiere.

Nach einem Jahr kann man die Kleinen, wo man nun auch das Geschlecht bestimmen kann, zu blutsfremden Artgenossen lassen oder Verkaufen.
Bei richtiger Fütterung werden die kleinen im Zeitraum von 4 Monaten um das vierfache Wachsen, ist ein sehr gutes Zeichen.

Hygiene:

Ein sehr wichtiger Punkt in Sachen Vorbeugen der Krankheiten allgemein ist die Hygiene im und um das Terrarium.
Sie ist ein ungemein hoher Faktor, der leider viel zu oft vernachlässigt wird.
Das heißt, dass der Kot am besten sofort und mindestens einmal täglich entfernt werden muss.
Keine Futterreste dürfen im Terrarium herum liegen.
Der Wassernapf sollte nicht nur gefüllt, sondern auch gereinigt und öfters ausgewaschen werden.
Der Bodengrund ist zwei Mal jährlich komplett auszuwechseln, Kotverschmutzte Einrichtungsgegenstände sollte man ganz austauschen oder nach Möglichkeit zumindest stark erhitzen oder in einer Pfanne auskochen.
Auch hier wird einem mal wieder vor die Augen geführt, dass jedes Tier, das man sich anschafft, ein hohes Maß an Verantwortung an den Pfleger stellt.
Kaufen Sie überlegt und nicht einfach mal so ein Tier.

Alle diese Viren und Würmer und Parasiten gehören automatisch zu der Haltung der Tiere dazu, wenn man die Hygiene vernachlässigt.

Rhacodactylus ciliatus

Krankheiten:
Information zu den Viren:
In den letzten beiden Jahrzehnten wurden den Virusinfektionen der Reptilien mehr Aufmerksamkeit gewidmet als in der Vergangenheit und das ist positiv.
Zunehmend wird die Bedeutung dieser Infektionserreger auch bei Reptilien erkannt.
Durch verbesserte Nachweisverfahren mit spezifischen Reptilienzellkulturen und vermehrt auch mit Hilfe molekularbiologischer Methoden lassen sich mittlerweile eine Reihe von Reptilienpathogenen Viren routinemässig nachweisen.
Hier werden nur einzelne Virusfamilien genannt und nicht genauer beschrieben, deren Vertreter bei Reptilien Krankheitserscheinungen hervorrufen können.
Das würde den Rahmen sprengen und ich möchte nur kurz darauf eingehen, da immer viel über die Kotprobe gesprochen wird und die Abklärungen der Viren vernachlässigt werden.
Einzelne Nachweise von Viren oder Antikörpern bei Reptilien gelangen bereits in den sechziger und siebziger Jahren bei verschiedenen Arboviren wie den Togaviridae, Flaviviridae und Bunyaviridae.
Auch Rhabdo- und Caliciviridae, Picornaviridae, Parvoviridae, Pox- und Papovaviridae konnten bereits bei Reptilien nachgewiesen werden.
Pox- und Papovaviren wurden bei Hautveränderungen bei Echsen, Papovaviren auch bei Wasserschildkröten gefunden.
Die anderen Virusfamilien zeigten keine oder wenig pathogene Veränderungen bei Reptilien und sollten von daher eher als Zufallsbefunde angesehen werden.
In neuerer Zeit werden Reptilien auch im Zusammenhang mit der sich ausbreitenden West-Nil-Virusepidemie in den Vereinigten Staaten als mögliche Virusträger überprüft.
Dazu wurden experimentelle Infektionen bei verschiedenen Reptilien und Amphibien durchgeführt, die zum Virusnachweis im Blut und in geringem Masse auch in den Organen von maximal 25% der infizierten Reptilien führten (Klenk und Kolmar, 2003).
West-Nil-Virusinfektionen wurden auch im Zusammenhang mit mehreren Hundert Todesfällen in verschiedenen Alligator-Zuchtfarmen in den USA nachgewiesen
(Miller et al., 2003, Jacobson et al. 2003).
Die Infektion wurde hier auf die Verfütterung von infiziertem Pferdefleisch zurückgeführt.
Interessant vom epidemiologischen Blickwinkel her ist die Tatsache, dass bis jetzt bei Reptilien noch keine Influenzaviren entdeckt wurden.
Denken Sie immer auch daran, dass eine Abklärung für Viren bei Ihren Tieren Vorteile beinhalten.

Parasiten:
Parasiten allgemein sind ein häufiges Problem in der Terraristik, das bei Späterkennung nicht selten mit dem Tode endet.

Rhacodactylus ciliatus

Auch ich kaufte schon Tiere, die mit Parasiten verseucht waren. Aber das ist eine andere Geschichte.
Die Erscheinungsform dieser Parasiten reichen von nicht sehbaren Einzellern bis hin zu z.B. Milben, die man mit dem bloßen Auge deutlich erkennen kann.
Die Krankheitsbilder sind übel riechender Durchfall, keine Nahrungsaufnahme, eingefallene Augen, rascher Masseverlust, verminderte Aktivität.
Jedes nicht normale Verhalten Ihres Tieres sollte bei Ihnen sofort die Alarmglocken läuten lassen.
Die in der Terraristik auftretenden Parasiten können vereinfacht in zwei Gruppen unterteilt werden.
Die äußerlichen nennt man Ektoparasiten, die inneren Endoparasiten.
Ektoparasiten stammen meist aus dem riesigen Verwandtschaftskreis der Arthropoden (Gliedfüsser).
Bei Reptilien verursachen sie nur in sehr seltenen Fällen ernsthafte Erkrankungen, es können jedoch Anzeichen für schlechte Haltung sein.
Von den Ektoparasiten sorgen Milbenarten am häufigsten für Probleme, seltener in der Terraristik bekannte Plagegeister sind Mückenlarven, Blutegel, Zecken und Mücken.
Endoparasiten dagegen sind immer Auslöser für schwerere Krankheiten und treten in den unterschiedlichsten Formen auf. Sie können sich sehr schnell auf andere Tiere im Terrarium übertragen.
Endoparasiten kann man auch wieder in zwei Kategorien unterscheiden nämlich in Einzeller und Würmer.
Die medizinisch wichtigen Einzeller sind im Blut oder im Verdauungstrakt zu finden.
Etliche Arten können auch andere Organe beschädigen bzw. befallen.
Würmer können gewöhnlich in der Lunge, im Verdauungssystem, der Leber und der Niere, also fast in jedem inneren Organ nachgewiesen werden.
Probleme bei Würmern sind deren verschiedenartige Lebenszyklen. Viele von Ihnen haben einen so genannten direkten Lebenszyklus. Das heißt, dass sie vom Wirt direkt übertragen werden. Entweder indem das zukünftige Wirtstier Eier oder auch Larven aufnimmt, oder ein Wurm selbst zum neuen Wirt kommt.
Diese Arten von Würmern kommen seltener vor, lösen aber dafür die schwersten Krankheiten aus.
Andere Würmer wie z.B. Bandwürmer oder Saugwürmer haben hingegen einen indirekten Lebenszyklus.
Das heißt, sie haben einen oder mehrere Zwischenwirte, in denen sie bestimmte Entwicklungszyklen durchlaufen.
Zum fertigen Wurm entwickeln sie sich aber erst, wenn der Zwischenwirt von dem Endwirt gefressen wird.
Bei allen folgenden Artikeln muss auf jeden Fall ein Reptilien kundiger Tierarzt zu Rate gezogen werden.

Rhacodactylus ciliatus

Würmer:
Wichtig zu wissen:
Einige der Wurmarten sind auch auf den Mensch übertragbar.
Somit ist größte Sorgfalt auf Hygiene geboten!

Auch Wurmeier kann man bei vielen Kotuntersuchungen nachweisen.
Würmer schädigen das Wirtstier durch Nahrungsentzug, durch Beschädigung der Darmwand und der anderen inneren Organe.
Außerdem können sie bei Massenerscheinung zu Verstopfungen führen.
Bei einem eventuellen Befall muss die ganze Einrichtung herausgenommen werden und am besten alles weggeworfen werden.
Es ist auch ein Muss, das Terrarium für die Zeit der Behandlung als Quarantänebecken einzurichten.
Bei dieser Krankheit müssen auch wieder alle Tiere behandelt werden, die sich infiziert haben könnten.
Es ist sehr ratsam, sechs Wochen nach der letzten Behandlung eine Nachuntersuchung machen zu lassen!
Krankheitsanzeichen bei Wurmbefall kann sein ein rapider Masseverlust, geringe Aktivität, Geschwächtheit, eingefallene Augen, Erbrechen sein.

Bandwürmer:
Bandwürmer schädigen Ihren Wirt nicht nur durch den Nahrungsentzug, sondern überwiegend durch ihre Saugnäpfe, Haken und Dornen, die vor allem bei Massenbefall an der Darmwand Entzündungen herbeiführen.
Häufig kann man im Kot befallener Tiere ganze Bandwurmglieder finden.
Krankheitszeichen sind rapider Masseverlust, geringe Aktivität, Geschwächtheit, eingefallene Augen und Erbrechen.
Mögliche Behandlungen sind mit Mansolin, oder Droncit.
Beide Präparate werden mit Wasser aufgeweicht und oral verabreicht.
Bei einem richtig akuten Fall sollte nach zwei Wochen die Behandlung wiederholt werden.
Eine Nachuntersuchung ist unumgänglich!

Spulwürmer (Ascaridean) und **Fadenwürmer** (Nematodean):
Diese Würmer kommen sehr häufig vor und können oft im Kot nachgewiesen werden.
Wie bei allen Würmern muss bei einem eventuellen Befall die ganze Einrichtung herausgenommen werden und am besten alles weggeworfen werden.
Es ist auch ein Muss, das Terrarium für die Zeit der Behandlung als Quarantänebecken einzurichten.
Bei dieser Krankheit müssen auch wieder alle Tiere behandelt werden, die sich infiziert haben könnten.
Krankheitszeichen sind rapider Masseverlust, geringe Aktivität, Geschwächtheit, eingefallene Augen und Erbrechen.

Mögliche Behandlungen sind mit Panacur, zwei Mal im Abstand von zwei Wochen zu verabreichen.
Vorsicht ist geboten vor Überdosis, wenn man das Präparat selbst verabreicht.

Madenwürmer (Oxyirdean):
Sind viel widerstandsfähiger als Spul- oder Fadenwürmer.
Wie bei allen Würmern: bei einem eventuellen Befall muss die ganze Einrichtung herausgenommen werden und am besten alles weggeworfen werden.
Es ist auch ein Muss, das Terrarium für die Zeit der Behandlung als Quarantänebecken einzurichten.
Bei dieser Krankheit müssen auch wieder alle Tiere behandelt werden, die sich infiziert haben könnten.
Sechs Wochen nach der letzten Behandlung muss eine Nachuntersuchung gemacht werden.
Krankheitsanzeichen sind rapider Masseverlust, geringe Aktivität, Geschwächtheit, eingefallene Augen und Erbrechen.
Eine eventuelle Behandlung mit Molevac.
Die Behandlung muss mindestens zwei Mal im Abstand von zwei Wochen wiederholt werden.

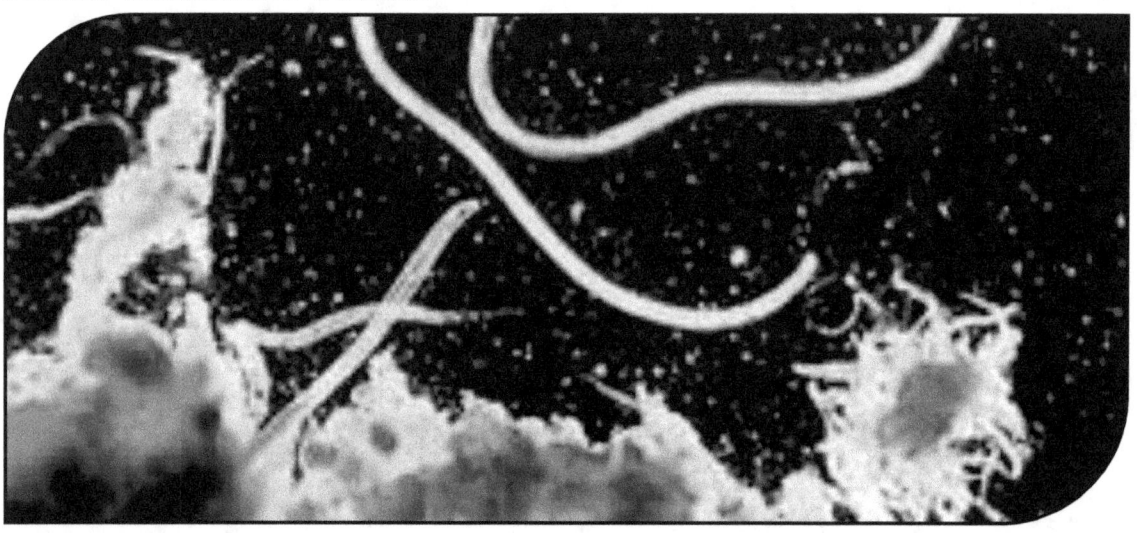

Rachitis:
Rachitis entsteht durch unzulängliche Kalkeinlagerungen im Knochenbau durch mangelndes Calcium oder Vitamin D Mangel.
Eine zu geringe UV Bestrahlung, beschleunigtes Wachstum durch zu hohe Temperaturen und durch ständiges gleiches fetthaltiges Futterangebot ohne eine ausgleichende Fläche (Bewegung).
Muskelkontraktionsstörung und individuelle Störungen.
Krankheitszeichen dafür sind Verkümmerung der Wirbelsäule, der Gliedmassen des Schwanzes sowie Deformation des Kiefers.
Tritt vor allem in der Wachstumsphase auf.
Mögliche Behandlung dafür sind ein Multivitaminpräparat im Wechsel mit Biocalan, intensive und gezielte UV Bestrahlung.
Außerdem sollte eine erhöhte Calcium Beigabe (Neocalglucon) verabreicht werden.

Rhacodactylus ciliatus

Hautnekrosen:
Die Krankheit wird meistens durch Stoffwechselstörungen herbeigeführt.
Aber auch unzureichende UV Bestrahlung kann zu Nekrosen führen.
Krankheitsbild sind Abszesse (Eiterherde) in der Haut.
Die Behandlung muss sofort beim Tierarzt gemacht werden.
Der wird die Abszesse aufspalten und mit einer Lösung die Eiterherde behandeln.
Zusätzlich muss Antibiotika verabreicht werden.
Und hier gilt auch wieder: wenn es nach max. 10 Tagen nicht besser wird, muss man das Antibiotikum wechseln.

Hautmykosen:
Hautmykosen werden durch unzureichend temperierte Terrarien mit falschen Klimaverhältnissen begünstigt bzw. hervorgerufen.
Krankheitsanzeichen können sein unterschiedlich großflächige Hautveränderung ohne Eiterbildung sein.
Die Behandlung ist schwierig, da der Pilz bei den ersten Anzeichen bereits tief im Gewebe der Tiere sitzt.
Außerdem gibt es unterschiedliche Mykosen, die auch unterschiedlich behandelt werden müssen, aber oft die gleichen Erscheinungsbilder haben.
Es kann sich also als schwierig erweisen, gleich das richtige Präparat von Anfang an zu finden.
Medikamente wie Myko-jellin, Travogen, Asterol und Daktar werden bei Reptilien erfolgreich gegen den Pilzbefall eingesetzt.

Hemipenis Vorfall:
Hemipenis Vorfall ist, wenn das Tier seinen Penis nicht mehr von alleine zurückmassieren oder ziehen kann.
Es bleibt dem Pfleger nur noch der Weg zum Tierarzt, um zu amputieren.

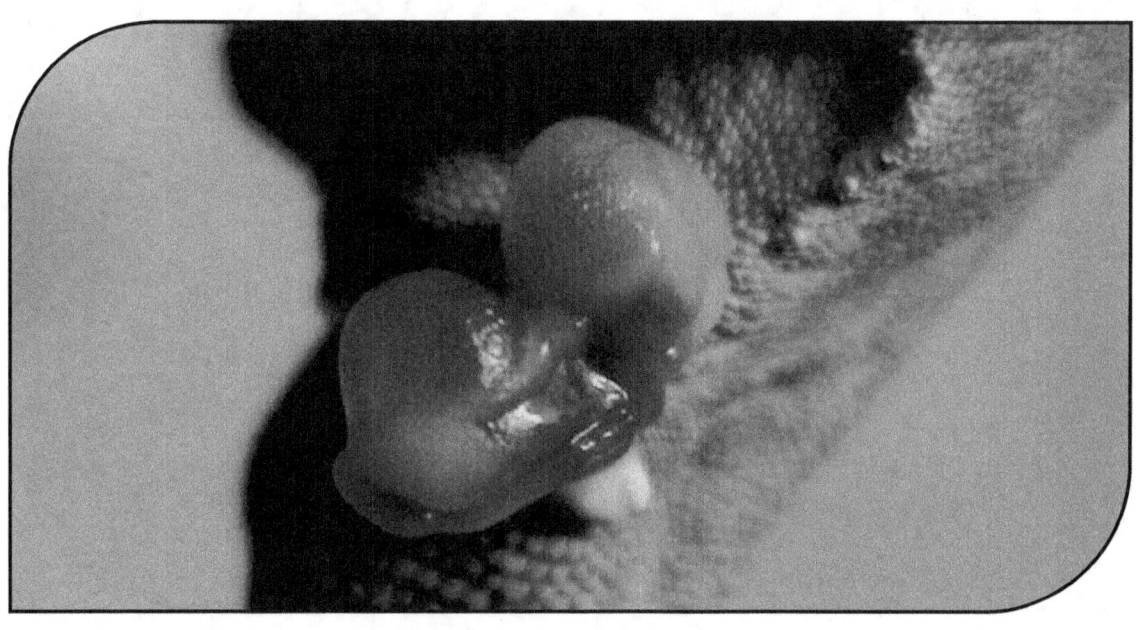

Rhacodactylus ciliatus

Zum Glück ist dies eine recht seltene Erscheinung bei Rhacodactylus ciliatus, deren Ursache kaum feststellbar ist.
Krankheitsanzeichen sind: Hemipenis kann nicht mehr zurückgezogen werden.
Die mögliche Behandlung ist, dass der Vorgestülpte Teil des Hemipenis in seltenen Fällen vom Tierarzt zurück massiert werden kann.
Ist ähnlich wie bei einem Darmvorfall.
Doch meistens sind die herausschauenden Teile so angeschwollen, dass sie nicht mehr in die Hemipenistaschen passen.
Der Tierarzt kann versuchen, durch kühlende Salben ein Abklingen der Schwellungen herbeizuführen.
Gelingt das nicht, muss amputiert werden.

Kokzidien:
Kokzidien gehören zu den Protozoen tierische Einzeller.
Diese Endoparasiten können fast bei allen Reptilienarten auftreten, sie sind leicht übertragbar und stellen wirklich ein Gesundheitsrisiko dar.
Krankheitsanzeichen sind rapider Masseverlust und blutdurchzogener dünner Kot.
Für die Behandlung macht man zuerst eine Kotanalyse, danach wird der Tierarzt ein Medikament verabreichen, möglicherweise Metronidazol.
Bei dieser Krankheit sollte man vier Nachuntersuchungen im Abstand von drei Monaten machen, da die Parasiten nicht immer nachzuweisen sind, je nach Entwicklungszyklus.

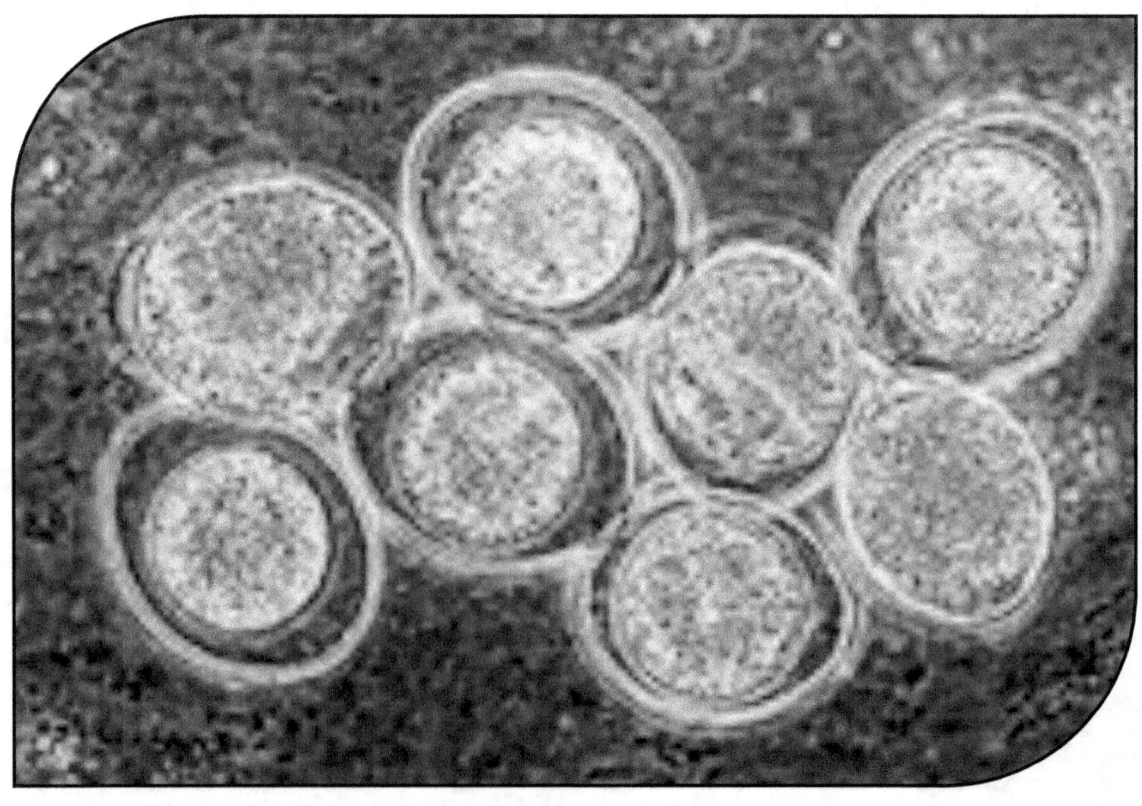

Rhacodactylus ciliatus

Flagellata: (Geisseltierchen)
Flagellaten treten bei Reptilien relativ häufig auf.
Es ist unumstritten, dass sie schwere Krankheiten auslösen können.
Vor allem die rundlichen Trichomonas Arten führen zu schweren Krankheiten.
Krankheitsanzeichen können sein ein rapider Masseverlust, wässriger Kot und Erbrechen.
Bei dieser Krankheit wird oft weiterhin gefressen.
Mögliche Behandlung ist mit Metronidazol.
In der Regel wird es zwei Mal im Abstand von zwei Wochen oral verabreicht.
Jedoch muss ein Tierarzt die Menge ausrechnen und abgeben.

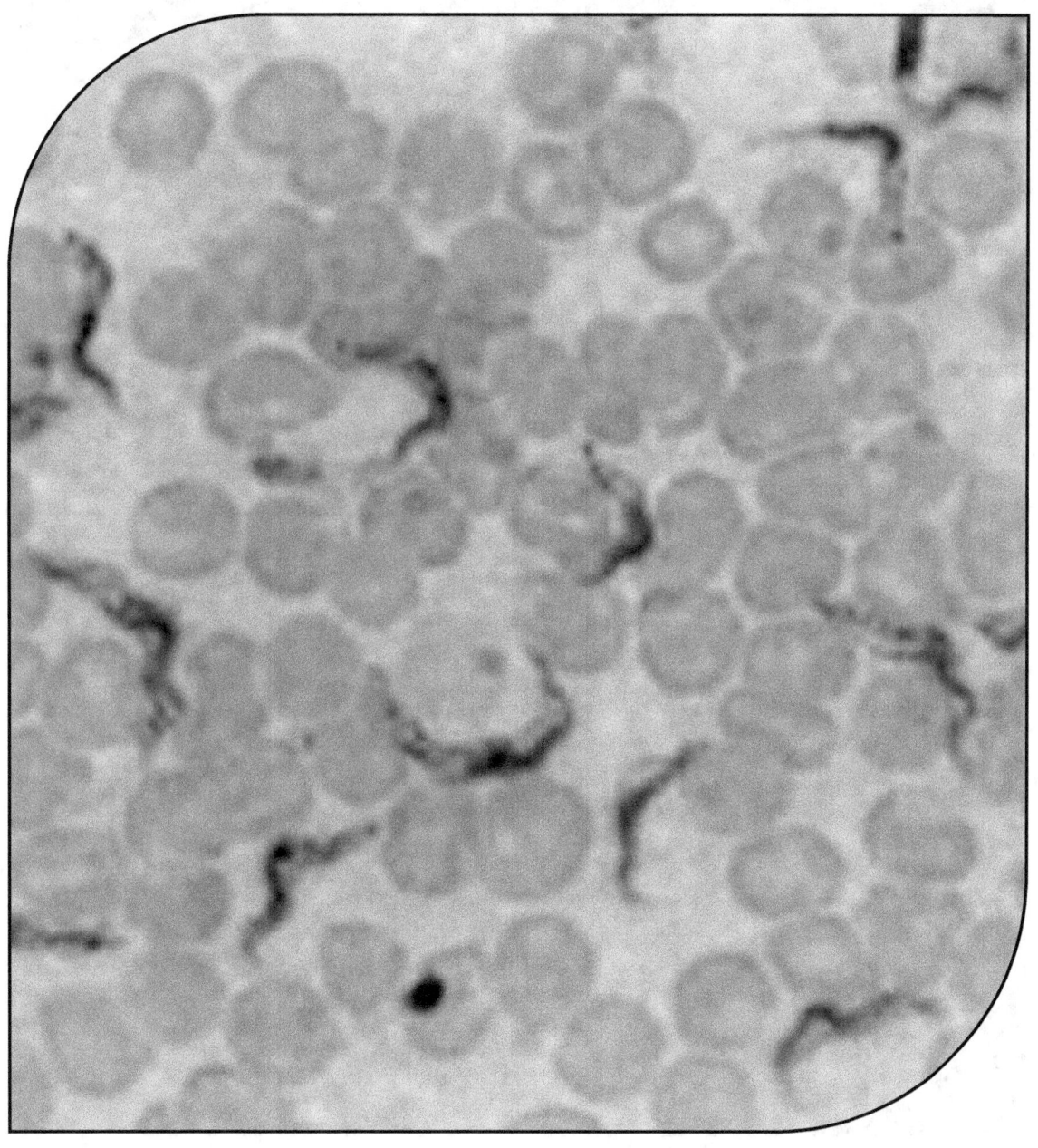

Rhacodactylus ciliatus

Gesetzliche Bestimmungen:
Die Tiere bestehen unter keinem besonderen Schutz und können somit problemlos gekauft werden.
Also muss man sich nur noch an die üblichen Tierschutzbestimmungen halten:
In der Schweiz sind sie nicht meldepflichtig.
In Deutschland sind sie nicht meldepflichtig.
In Österreich sind sie natürlich wie alle anderen Reptilien meldepflichtig.

www.ingramcontent.com/pod-product-compliance
Lightning Source LLC
Chambersburg PA
CBHW062200220526
45470CB00009B/2882